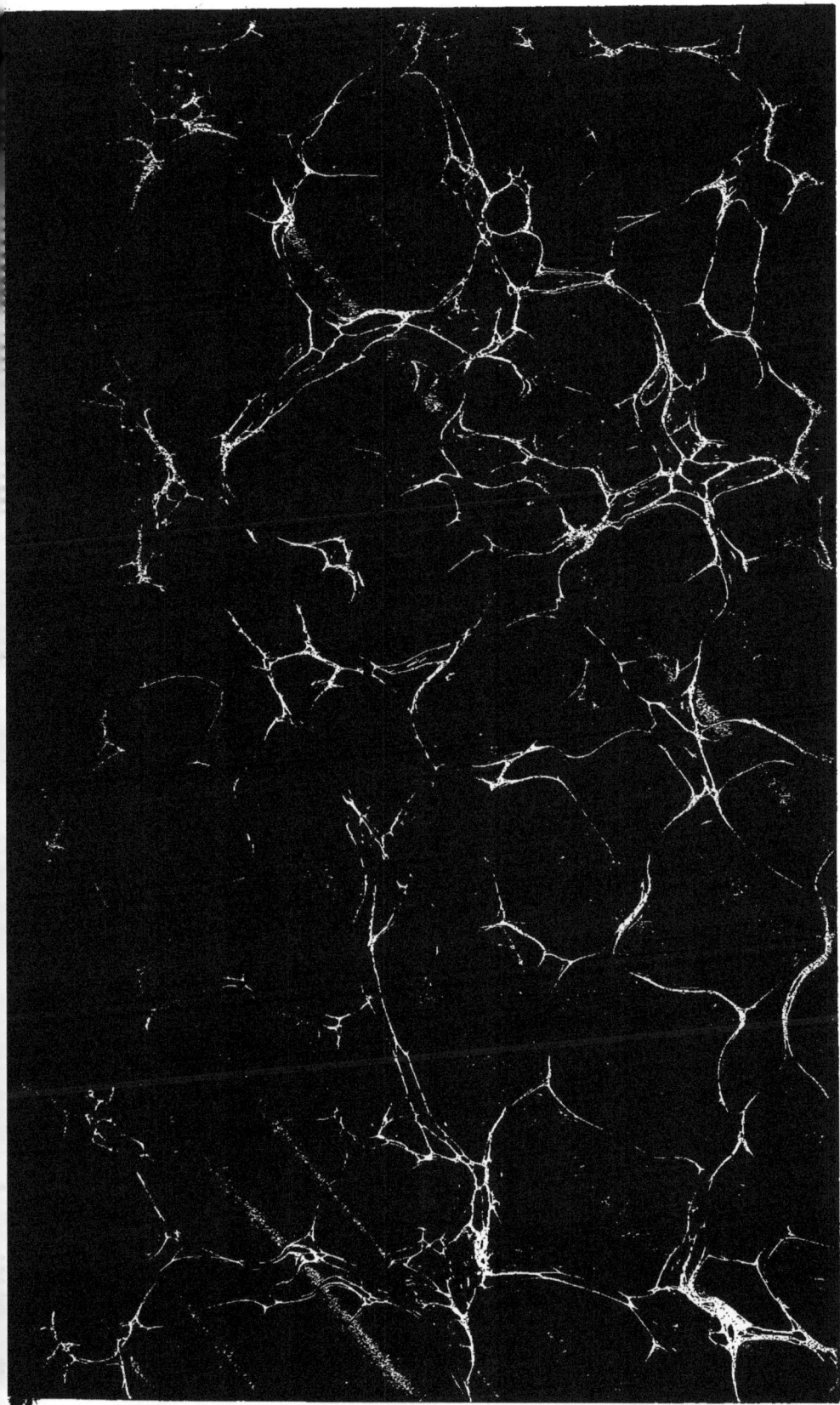

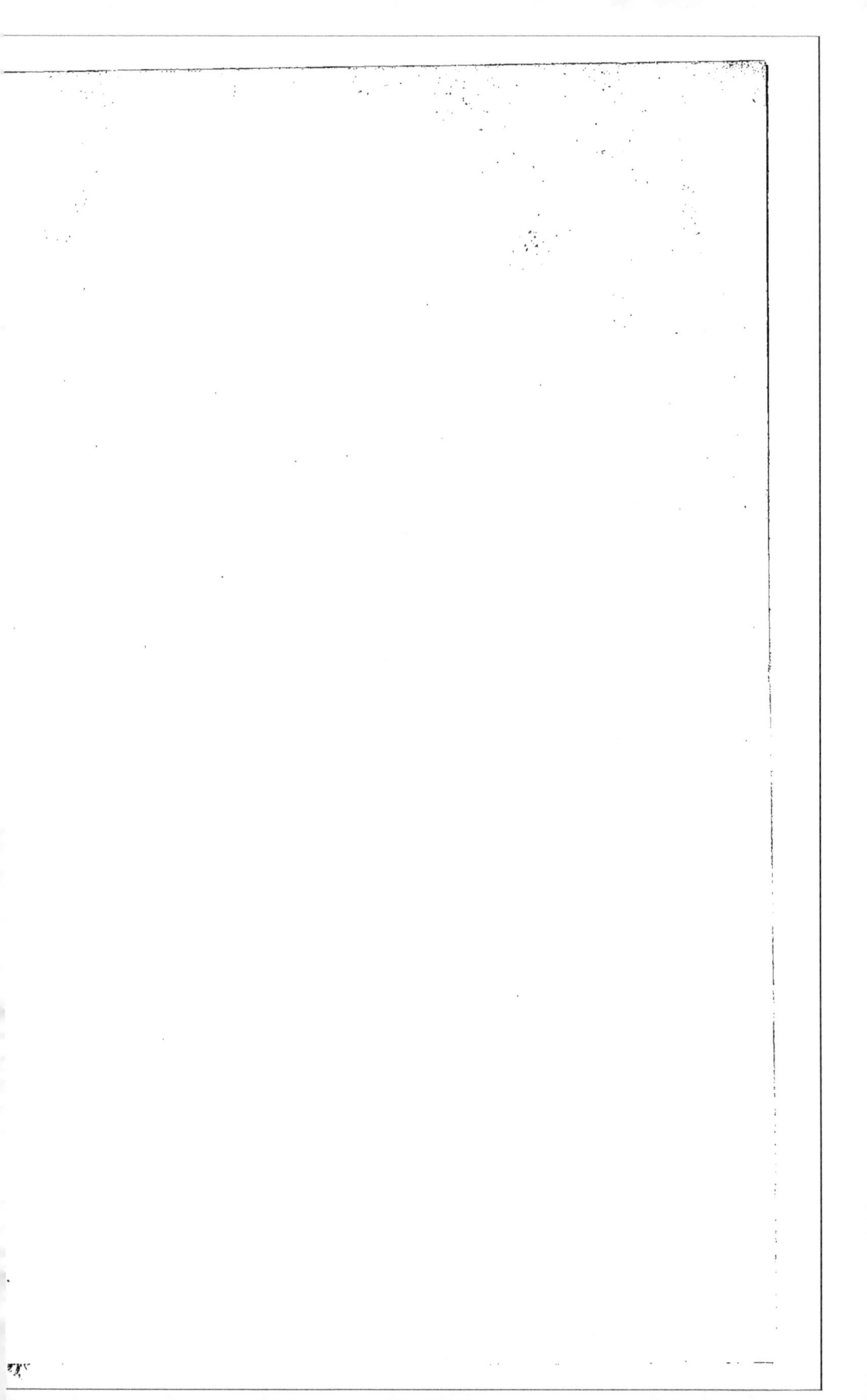

32129

LA CLEF

DE TOUTES LES

TENUES DE LIVRES

NOUVEAU TRAITÉ

DE LA

TENUE ORDINAIRE DES ÉCRITURES COMMERCIALES

Tant en Partie simple qu'en Partie double,

DÉVELOPPEMENT RAISONNÉ DES PRINCIPES QUI SERVENT DE BASES A TOUTES LES MÉTHODES POSSIBLES,

COURS COMPLET,

Solution de toutes les difficultés relatives aux Livres de Commerce.

Ouvrage contenant divers aperçus nouveaux, et suivi du GUIDE PRATIQUE du Teneur de Livres, et d'un QUESTIONNAIRE ou Table analytique résumant tout l'Ouvrage,

Par M. BERTRAND,

Auteur de l'Album du Comptoir (2e édition), du Livre du Commerçant en détail, ou nouvelle partie simple, perfectionnant tous les résultats de la partie double,

PRIX : 5 FR.

Raison et Progrès.

PARIS.

CHEZ HACHETTE, LIBRAIRE DE L'UNIVERSITÉ,

Rue Pierre-Sarrasin, 12.

ET CHEZ LES PRINCIPAUX LIBRAIRES DE LA FRANCE ET DE L'ÉTRANGER.

LYON.

CHEZ L'AUTEUR,

Comptoir Commercial, place des Terreaux, 5.

1845.

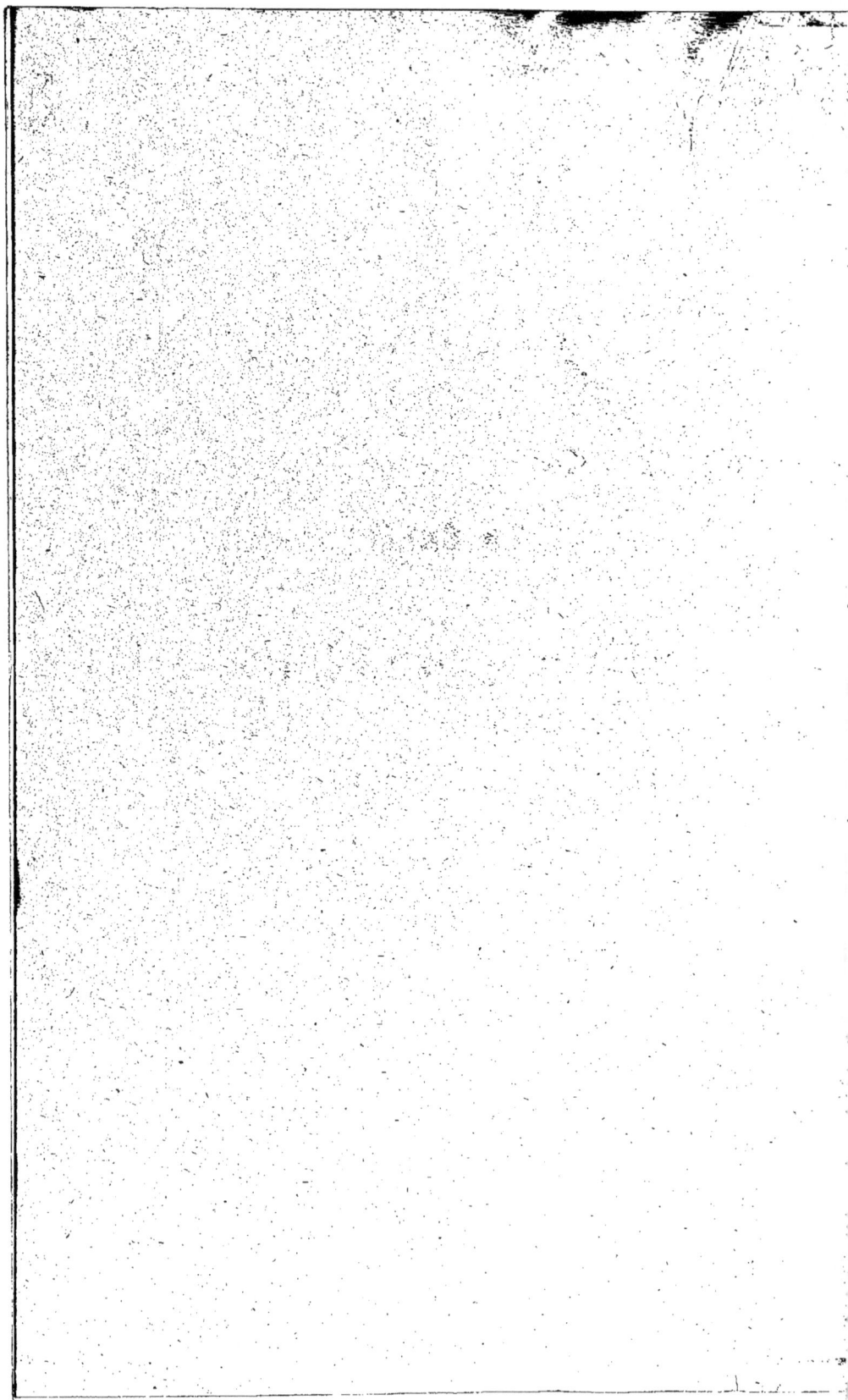

LA CLEF

DE TOUTES LES

TENUES DE LIVRES.

PROPRIÉTÉ DE L'AUTEUR.

Il considérera comme contrefait tout exemplaire non frappé ci-dessous de son timbre sec , le même qui est représenté dans le frontispice.

Lyon. — imp. et Lith. de Veuve Aimé , grande rue Mercière , 42.

LA CLEF

DE TOUTES LES

TENUES DE LIVRES.

COURS COMPLET,

Solution de toutes les difficultés relatives aux Livres de Commerce,

Ouvrage contenant divers aperçus nouveaux, et suivi du GUIDE PRATIQUE du Teneur de Livres, et d'un QUESTIONNAIRE ou Table analytique résumant tout l'Ouvrage,

PAR M. BERTRAND,

PROFESSEUR ET AUTEUR DE DIVERS OUVRAGES ET PERFECTIONNEMENTS SUR LA COMPTABILITÉ.

PRIX : 5 FR.

Raison et Progrès.

PARIS.

CHEZ HACHETTE, LIBRAIRE DE L'UNIVERSITÉ,

Rue Pierre-Sarrasin, 12.

ET CHEZ LES PRINCIPAUX LIBRAIRES DE LA FRANCE ET DE L'ÉTRANGER.

LYON.

CHEZ L'AUTEUR,

Comptoir Commercial, place des Terreaux, 5.

1844

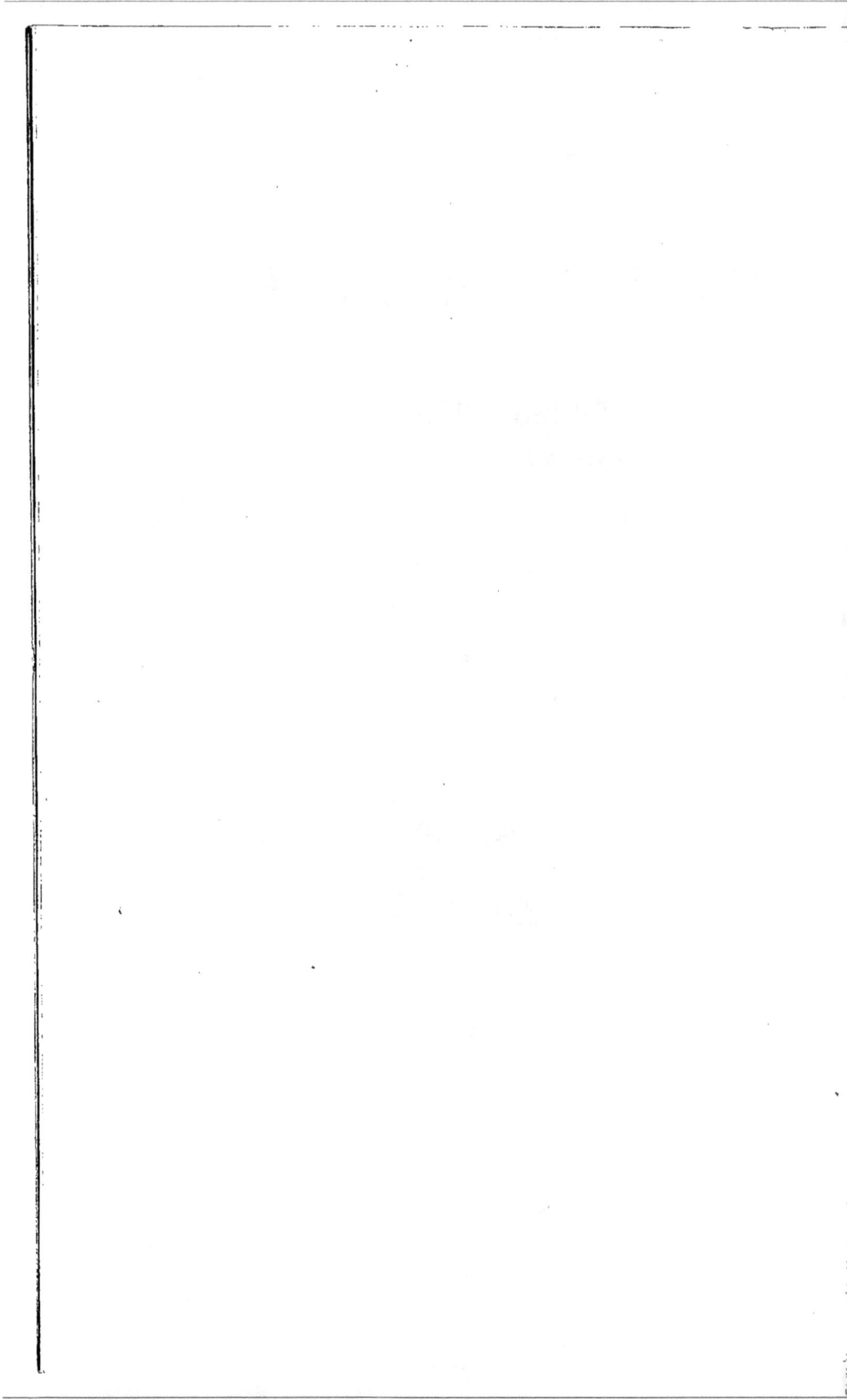

AVANT-PROPOS

Au Commerce.

Dans les ouvrages que j'ai publiés précédemment, l'*Album du Comptoir* (1) d'abord, puis *le Livre du Commerçant en détail* (2) lequel est devenu, par les divers perfectionnements que j'y ai apportés, *une* nouvelle *Tenue des Livres* EN PARTIE SIMPLE, PRÉSENTANT TOUS LES RÉSULTATS *de la partie double* ordinaire; dans ces ouvrages, dis-je, j'eus moins l'intention de former à la tenue des écritures les personnes étrangères à cet art, que de remédier aux vices et inconvénients des moyens ordinaires pour les personnes déjà initiées à ces mêmes moyens ; et une preuve que MM. les commerçants sentaient comme moi les inconvénients des méthodes usitées, c'est l'accueil empressé qu'ils firent à ces deux publications, à tel point qu'en moins de six mois toute une première édition de cinq cents volumes

---

(1) ALBUM DU COMPTOIR ou *Économie de temps, impossibilité d'erreur, Balance et Inventaire faciles* pour toutes les Ecritures A PARTIE DOUBLE, même sans rien changer à la disposition usitée des Livres, in-4°, *lithographié avec Planches.* Prix : 5 fr. (2ᵉ Edition).

(2) OU TOUTE LA COMPTABILITÉ D'UN COMMERÇANT EN UN SEUL LIVRE, DISPENSANT D'OUVRIR DES COMPTES A PART *et donnant* CHAQUE JOUR LA SITUATION.

Cet Ouvrage, augmenté de plusieurs tableaux nouveaux, présente, pour le *petit Commerçant*, le *Système* de Comptabilité *le plus facile, le plus économique* et en même temps *le plus régulier* qui ait paru jusqu'à ce jour, — Prix : 2 fr.

de mon Album fut totalement écoulée. Dans la *deuxième édition*, j'apportai à cet Ouvrage un perfectionnement notable, ayant réussi à créer pour le *Journal* une disposition à l'aide de laquelle il devient réellement impossible qu'aucune erreur puisse jamais subsister seulement d'une page à l'autre ; mais, ainsi que je viens de le dire, ces ouvrages supposent une certaine connaissance des principes de la Tenue ordinaire des Ecritures, telle qu'elle est en usage dans le commerce. Voilà pourquoi il a pu se faire que quelques personnes n'en aient pu apprécier toute la portée et tout l'avantage.

Pour remédier à cet inconvénient et faciliter l'intelligence complète non seulement des moyens créés par moi, mais principalement de ceux actuellement en usage dans le commerce, j'ai cru à propos de donner un *Nouveau Traité de la Tenue des Livres ordinaire*, tant en *partie double qu'en partie simple*, telle qu'elle se pratique généralement dans le commerce ; et cela m'a paru d'autant plus nécessaire que de l'aveu de toutes les personnes qui ont appris la tenue des écritures, il a existé jusqu'à ce jour dans l'enseignement général de la comptabilité commerciale, une lacune de principes faute desquels la théorie de cet art ne pouvait être mise par le seul raisonnement à la portée des personnes étrangères aux habitudes du commerce. Voilà pourquoi tous les Ouvrages publiés jusqu'ici dans le but de former des teneurs de Livres sans le secours du maître, réussissent, tout au plus, à faciliter cette étude aux personnes qu'une longue pratique du commerce, jointe à une intelligence développée par l'éducation, a initiées, et pour ainsi dire, façonnées d'avance à une certaine théorie de principes naturels, qui leur fait plutôt deviner que comprendre ce qui manque aux démonstrations pour qu'elles soient exactes et rationnelles ; tandis que ceux qui ne se trouvent pas jouir des mêmes avantages, n'y découvrent qu'une ténébreuse obscurité bien plus propre à les rebuter qu'à encourager leurs premiers pas dans cette carrière.

A quoi attribuer ce résultat, bien peu conforme sans doute aux intentions des auteurs de ces ouvrages, dont sous d'autres rapports le mérite est incontestable ? A ce que la plupart de ces auteurs (trop savants peut-être), au lieu de se placer d'abord au point de vue de leurs lecteurs, et de ne leur parler, dès le commencement, qu'un langage qui soit à leur portée, se hâtent trop tôt de hérisser leurs définitions de mots *techniques*, qui, ne pouvant encore être compris, n'ont d'autre effet que de dresser devant l'imagination un fâcheux épouvantail de difficultés imaginaires.

C'est pour éviter cet écueil que, dans ce nouvel Ouvrage (tout-à-fait élémentaire) que je présente aujourd'hui au commerce, je me suis attaché, suivant mon habitude, à n'employer dans mes démonstrations que les expressions les plus simples et les plus propres à être comprises de tout le monde ; et j'ose espérer avoir réussi par ce moyen à mettre *la théorie et la pratique* de la comptabilité *partie double*, à la portée des intelligences les moins favorisées, tout en dépouillant cette étude de tout ce qu'elle pouvait offrir de rebutant et d'aride.

C'est en faisant découler les principes de la Comptabilité, de la nature même des renseignements nécessaires au commerçant pour se diriger dans la conduite de ses affaires, que je mets à sa portée, et les principes eux-mêmes, et les raisonnements sur lesquels ils reposent ; et que tout en l'amenant à une *pratique intelligente* et *facile des moyens usités*, je le mets en état de pouvoir trouver plus tard, lui-même, les *améliorations* et *abréviations* compatibles avec la nature et les exigences de son industrie. . . . .

. . . .

Cet Ouvrage doit donc être considéré par MM. les commerçants, moins comme une simple méthode de Tenue de Livres, que comme un *développement raisonné des principes, qui servent de base à toutes les méthodes possibles ;* car, outre qu'on y trouvera la démonstration la plus complète des moyens en usage, et des motifs qui en ont déterminé l'emploi, on y entreverra déjà, par ce développement même, l'usage de ceux qui peuvent exister et les avantages ou inconvénients qui pourraient en résulter en raison de l'exactitude plus ou moins directe des renseignements qu'ils fourniraient au chef de commerce ; et c'est ce que j'ai voulu indiquer par le titre de Clef de toutes les Tenues de Livres, que j'ai donné à l'Ouvrage, titre que je me suis efforcé de justifier en y donnant la *solution raisonnée de toutes les difficultés possibles* sur la tenue des écritures de commerce, ce dont il est facile de s'assurer par une simple inspection du *Questionnaire* ou table analytique qui termine l'Ouvrage.

Mais ce qui recommande surtout ce nouveau traité à l'attention même de MM. les comptables et teneurs de Livres, c'est que l'opération de la BALANCE et INVENTAIRE ANNUELS, y est développée d'une manière détaillée et toute spéciale ; tandis que, dans la plupart des autres Ouvrages, elle est si négligée qu'à peine il en est question ; et cependant personne n'ignore que de toutes les opérations du teneur de Livres, c'est à la fois la plus difficile et la plus essentielle. J'ose croire avoir réussi à en aplanir toutes les difficultés . .
. . . .
Ainsi que je l'ai dit dans l'avant-propos placé en tête de la *deuxième édition* de mon *Album du Comptoir*, RAISON ET PROGRÈS, telle est la devise que j'ai adoptée. Puissé-je, toujours fidèle à ce principe, mériter que le Commerce honore mon travail de ses suffrages, lesquels seront toujours pour moi le prix le plus flatteur, de même que le plus puissant encouragement à de nouveaux efforts.

Lyon, ce 15 Novembre 1844.

L'Auteur, D. BERTRAND.

LA CLEF

TENUES DE LIVRES.

NOTIONS PRÉLIMINAIRES

Du Commerce en général et des diverses Opérations qu'il comporte.

❀

SOMMAIRE.

Théorie et définition raisonnée de l'emploi des mots : Commerce. — Valeur. — Valeur en nature. — Valeur en espèce. — Achat et Vente, au Comptant et à Terme. — Dette et Créance. — Billet simple, Effet, Remise, Mandat, Traite, Négociation et Négociant. — Lettre de Change. — Cours de Change. — Change au Pair, au-dessus et au-dessous du Pair. — Banque et Banquier. — Banques de France, d'Angleterre, de Paris, de Lyon, etc. — Bourse de commerce. — Agents de change et Courtiers. — Jeu de Bourse et Agiotage, etc. Actions, Assurances, etc. — Nécessité et motif des écritures commerciales. — Origine des Systèmes dits à Partie simple, à Partie double, etc. etc.

———

'échange que font entre elles deux ou plusieurs personnes de deux objets dont elles se cèdent mutuellement la propriété, constitue ce que l'on appelle une **Opération de Commerce**, d'où l'on a donné le nom de **Commerçant** à celui qui *pratique* ces sortes d'échanges dans l'intention d'en retirer un profit à son avantage que l'on nomme *bénéfice*.

2. Pour qu'un objet puisse servir à l'échange commercial, il faut nécessairement qu'il ait une utilité quelconque et par suite un prix ou une *valeur*; de là vient l'usage de désigner ordinairement sous le nom de **Valeurs** toute espèce d'objets propres à être mis en commerce.

3. Quand une *valeur* ou objet de commerce a naturellement et

d'elle-même une utilité et un prix , on la dit *valeur* **en Nature.** Les valeurs *en nature* sont le plus ordinairement désignées dans le commerce sous le nom de **Marchandises** , d'où est venu celui de **Marchands** pour les personnes qui en *pratiquent* l'échange.

4. Il est probable que dans les premiers temps , avant que l'on eut inventé la monnaie comme valeur *représentative* du prix des objets, il ne se pratiquait que des échanges d'objets *en nature* contre d'autres objets *en nature* ;

5. Cette opération spécialement nommée *Échange*, est encore presque la seule en usage chez les Arabes et chez toutes les peuplades sauvages de l'Afrique et de l'Amérique.

6. Mais depuis l'invention de la monnaie, qui régularisa le commerce et prépara l'immense développement qu'il a pris aujourd'hui chez tous les peuples civilisés , l'échange commercial se pratique le plus souvent d'un objet en nature ou *marchandise* contre un représentatif équivalent en *monnaie* , laquelle est aussi appelée *valeur* **en Espèce.** Cette opération, considérée sous le rapport de celui par qui est livré l'objet *en nature* ou marchandise, a été nommée **Vente,** et le commerçant prend dans ce cas le nom de *vendeur ;* mais elle prend le nom d'**Achat** par rapport à celui qui reçoit la *marchandise*, lequel est dans ce cas appelé *acheteur*.

7. Si l'opération d'échange a lieu de manière à ce que l'*acheteur* remette ou doive remettre immédiatement au vendeur l'*équivalent* ou prix de sa marchandise, elle est dite *achat* ou *vente* **au Comptant.** Mais si l'*acheteur* en prenant livraison de la *marchandise* retarde et diffère le paiement du prix ou équivalent , l'opération est dite **à Terme.**

8. Dans ce cas, le *vendeur*, quoique son paiement soit différé et qu'il ait abandonné la propriété de l'objet *vendu* (**1**), conserve certainement et légalement sur l'*acheteur* un *droit* au prix *équivalent* convenu. Ce droit aussi appelé *créance*, l'établit **Créancier** de l'acheteur, lequel se trouve de son côté sujet à l'égard du *vendeur* à une obligation appelée *dette* d'où il est dit , par rapport à ce dernier, son **Débiteur.**

(1) Art. 1583 du Code civil.

9. Il est assez ordinaire, dans le commerce surtout, que pour constater son droit sur son *débiteur*, le *créancier* exige que celui-ci reconnaisse sa dette *par écrit*. Cette reconnaissance aussi appelée *Billet*, peut devenir pour lui une valeur de commerce qu'il peut donner et transmettre à d'autres ; mais il faut pour cela 1° que le débiteur y ait consenti *expressément* en faisant entrer dans le contenu du billet ces mots : *ou ordre*, par lesquels il autorise son créancier à transmettre son droit à autrui ; 2° que l'époque ou échéance du paiement y soit arrêtée et déterminée (1).

10. Ainsi établie dans ces conditions, cette obligation forme pour son possesseur une véritable valeur de commerce transmissible légalement, laquelle est représentée sous le nom d'*Effet* ou *valeur* Remise (2).

11. Le plus souvent (et cet usage a prévalu dans les habitudes du commerce depuis ces derniers temps), quand le débiteur n'habite pas la même ville que son créancier, au lieu d'exiger de celui-ci, en reconnaissance de sa dette, son propre billet dont il lui faudrait payer le port, le créancier forme lui-même, en vertu de son droit, sur ce débiteur, **son Ordre** ou **Mandat** pour lui de payer, sur sa réquisition ou sur celle de qui il lui plaira, le montant d'une somme qui y est déterminée.

12. Ce *mandat*, aussi appelé **Traite**, devient pour celui qui le crée (lequel prend dans ce cas le nom de *tireur*), un véritable *effet* de commerce qu'il peut transmettre à autrui ; mais il ne peut former pour le débiteur ou *tiré* une obligation aussi étroite que serait son propre billet, qu'autant que celui-ci en a reconnu lui-même la validité en y apposant au bas sa propre signature, avec ces mots : *accepté pour tant*, ou simplement *accepté* (3).

13. Faute de cette *acceptation*, les frais de poursuite qui pourraient être faits contre le *débiteur* en cas de non-paiement à l'échéance, seraient à la charge du *créancier*, sauf recours contre son débiteur.

(1) Art. 188 du Code de commerce.
(2) — 187 — (en voir le modèle à la fin de l'ouvrage).
(3) — 122 — Id.

14. Il arrive souvent qu'un commerçant, possesseur de titres en papiers, soit *effets*, soit *remises, mandats ou traites* et ne voulant pas attendre l'*échéance* ou époque fixée pour leur remboursement, ait cependant besoin de valeurs en espèce, qu'il désire obtenir par l'échange de ses *effets*. Il faut pour cela qu'il trouve un autre commerçant qui, possesseur de son côté de valeurs en *espèce* ou monnaie, et n'en ayant pas un besoin immédiat, *veuille bien* accepter en échange les papiers ou effets qui sont en la possession du premier. Une fois qu'il l'a trouvé, comme *ordinairement* le papier, par la raison qu'il ne peut être employé immédiatement, a réellement moins de valeur que la monnaie qu'il représente, il faut encore qu'il s'entende avec lui sur l'avantage ou *intérêt* que celui-ci exige pour consentir à lui céder ses espèces en échange d'un papier dont il sera obligé d'attendre l'échéance ou époque de remboursement, et pour s'indemniser de ce retard; c'est ce débat d'intérêts, et les pourparlers qu'il peut nécessiter, qui a fait donner à cette opération (l'échange de valeurs en *papier* contre des *espèces*), le nom de **Négociation** ou *affaire* importante, d'où est venu le nom de **Négociants** pour ceux qui pratiquent ce genre d'opération.

15. Mais cette dénomination s'étant plus tard étendue à tous les forts commerçants, parce que presque tous opérant sur des valeurs considérables, étaient souvent obligés de recevoir en paiement beaucoup d'*effets* qu'il leur fallait ensuite *négocier* pour en retirer des valeurs en espèce, il a fallu trouver un autre nom pour ceux qui s'occupent spécialement et exclusivement du commerce ou échange des effets ou valeurs en papier. Ce nom a été pris du *banc* ou comptoir (en italien *banco*) sur lequel anciennement les *changeurs* tenaient étalées les espèces d'or ou d'argent qui servaient à leur commerce; duquel nom on a fait *banque* en français, et ensuite **Banquiers**, c'est-à-dire *teneurs de banque*.

16. Quelquefois, le commerçant ou autre personne qui remet des *effets* à un *banquier* pour en recevoir le montant, a l'intention d'emporter ou de faire passer cette somme dans une autre ville; dans ce cas, au lieu de la lui remettre immédiatement en espèces (ce qui l'o-

bligerait à des frais de transport toujours assez coûteux sans parler des autres risques que son argent aurait à courir), le banquier donne à son client un *bon* ou **Traite** sur un autre banquier, son correspondant, dans la ville où celui-ci désire se rendre ; sur la présentation duquel ce dernier lui comptera immédiatement le montant des espèces qu'il devait recevoir chez le premier banquier, mais dont le client aura ainsi évité les frais de transport. De son côté, le second banquier remettra plus tard un pareil *bon* sur le premier à un de ses propres clients dont l'intention sera également de faire passer ses valeurs dans la ville qu'habite celui-ci, et tous deux se trouveront remboursés sans aucun déplacement de *fonds* ou *espèces*. C'est cette opération de déplacement de valeurs, que l'on a désignée sous le nom de **Change**, et l'on a nommé **Lettre de change**, le genre de *traite* ou *bon* par lequel un banquier autorise un client à recevoir chez un autre banquier, dans une autre ville, une somme en son propre nom (**1**).

17. On comprend bien que, dans ce cas, le banquier se réserve et retient pour lui un *intérêt* ou profit ; cet intérêt varie suivant le plus ou moins d'éloignement de la ville ou *place* où le client veut faire passer ses valeurs, et aussi suivant que les *lettres de change* ou *papiers* sur cette même *place*, y sont plus ou moins recherchées en raison de la plus ou moins grande affluence de clients qui y ont des affaires. Toutes circonstances d'après lesquelles s'établit pour ces *papiers* un *prix courant* appelé **Cours**, lequel peut être ou *égal* à la somme désignée dans la lettre de change, en sorte que pour se la procurer il faille remettre au banquier une somme *égale* à celle qui y est désignée ; c'est ce qu'on nomme change **au Pair**; ou *moindre* que la somme qui y est dénommée, et cela en raison de l'abondance du papier sur cette *place* ; dans ce cas le **change** est dit **au-dessous du pair**; de même qu'on l'appellerait change **au-dessus du pair**, si pour se le procurer il fallait donner une somme *plus forte* que celle que la lettre de change donne droit de recevoir.

(1) Art. 110 et 116 du Code de commerce. (Modèle à la fin de cet ouvrage).

18. Ce commerce des effets ou *change*, forme, sous le nom d'*agiotage* (*commerce d'argent*), l'industrie la plus importante de notre époque ; mais comme il faut beaucoup de *fonds* pour l'exercer sur une grande échelle, il s'est formé dans ces derniers temps, sous le nom de **Banques,** des réunions et associations des plus forts banquiers et négociants ; telle est l'origine de la *banque de France*, *d'Angleterre*, et des banques particulières de *Paris*, de *Lyon*, de *Marseille*, etc., etc.

19. Pour faciliter les relations commerciales des banquiers et des commerçants, il a été établi sous le nom de **Bourses** dans les principales villes, des lieux publics de *réunion* où les uns et les autres pussent se rencontrer. Le luxe et la magnificence qui se font remarquer dans quelques-uns de ces édifices, témoignent assez de l'importance de cette industrie pour les peuples civilisés.

20. Là des *agents intermédiaires* reconnus et autorisés par la loi, les uns sous le nom de **Agents de change,** pour les négociations d'effets ou espèces métalliques, les autres sous celui de **Courtiers** pour ce qui a rapport principalement aux marchandises, ont pour mission de déterminer le *cours* des valeurs résultant des transactions et *négociations* qui s'opèrent dans la Bourse, afin de pouvoir renseigner à ce sujet les commerçants que leurs affaires empêchent de se trouver à ces réunions, mais sans pouvoir en aucun cas eux-mêmes opérer pour leur propre compte (Code de commerce, art. 71 à 90). Là se traitent en conséquence presque toutes les affaires un peu importantes du commerce. Là aussi se joue ce jeu hazardeux connu sous le nom de **Jeu de Bourse,** où spéculant d'une manière plus ou moins heureuse sur l'influence des événements, tant nationaux qu'étrangers, pour la *hausse* et la *baisse* des *fonds* ou effets *publics*, des particuliers élèvent en quelques instants l'édifice de fortunes presque princières, tandis que d'autres voient disparaître, avec la même rapidité, jusqu'au dernier écu du plus riche patrimoine.

21. Au nombre des *effets* de commerce ou valeurs en papier, il faut aussi comprendre les *titres* ou billets remis aux personnes qui versent des fonds pour une industrie ou entreprise considérable, comme *l'établis-*

sement d'un pont, d'un *chemin de fer*, d'un *service à vapeur*, d'une compagnie d'*Assurance*, l'armement d'un navire, etc., etc. Ces titres, nommés **Actions**, lesquels se divisent aussi en *parties* ou **Coupons d'Action** (d'où l'on a nommé *actionnaires* ceux qui en sont possesseurs), sont une véritable valeur, dont la propriété peut se vendre ou se céder à qui l'on désire, absolument comme tout autre effet de commerce, et pour lesquels il s'établit de même à la *Bourse*, un cours de *hausse* et de *baisse*, également déterminé par les *agents de change* et *courtiers*, ainsi que nous l'avons dit ci-dessus.

22. De ce que nous venons de dire relativement aux *effets* de commerce ou valeurs en papiers, on peut conclure qu'ils sont pour les commerçants une véritable monnaie ; mais il y a une différence essentielle de leur valeur avec celle des espèces ou monnaie ; c'est **1°** que le papier n'étant qu'une valeur de convention et seulement comme représentatif d'un droit et non d'un prix réel, son emploi ne peut durer que jusqu'à l'expiration de ce droit, c'est-à-dire, jusqu'à l'époque ou *échéance* fixée pour le remboursement, du moins pour le tiers qui en est possesseur ; **2°** que le paiement fait à l'aide de cet *effet* n'est pas considéré comme définitif avant l'époque de l'échéance ; et qu'en cas de non remboursement par le signataire du billet, celui à qui il a été cédé peut toujours, en remplissant certaine formalité (appelée protêt), le rendre ou *retourner* au commerçant de qui il l'a reçu, lequel doit lui en compter immédiatement le montant, plus les frais ; **3°** enfin, que le possesseur d'un effet ne peut forcer qui que ce soit de l'accepter, même en paiement ou règlement d'affaire, à moins qu'il ne donne une caution légitime et solvable.

Nécessité des Écritures de commerce.

Motifs et origine des Systèmes dits A PARTIE SIMPLE et A PARTIE DOUBLE.

23. Le but des différentes opérations et échanges que nous venons d'indiquer, est d'en faire résulter pour le commerçant une augmentation des valeurs qui sont sa propriété, et qui forme ce que l'on appelé son *capi-*

tal. Il est clair que cette augmentation ne peut être reconnue comme augmentation que par la comparaison des valeurs actuellement en sa possession, avec celle qu'il possédait quand il a commencé son commerce. D'où résulte la nécessité pour le commerçant qui commence les affaires, de dresser son *état* de situation ou **Inventaire** de ce qu'il possède, ce que l'on a autrement nommé son *actif*; de même que celui de ce qu'il doit, ce que l'on a désigné sous le nom de *passif.*

Cet *inventaire* est facile sous le rapport des valeurs réelles tant en *nature* qu'en *espèce* ou en *papiers*, vu qu'il suffit d'en reconnaître l'existence actuelle entre les mains du commerçant; mais il n'en est pas de même pour ce qui concerne l'état de ses *débiteurs*, c'est-à-dire de ce qu'il possède chez ses clients, en vertu de son droit sur eux; de même que pour ce qui concerne ses *créanciers*, c'est-à-dire le droit des clients ou commettants sur lui, on en d'autres termes, ce qu'il possède appartenant à d'autres.

Comme cet état ne peut se constater par aucun objet, attendu que, dans le cas de *dette* ou *créance simple* que nous supposons, il ne constitue pour lui qu'un droit sur l'équivalent auprès du client, et non sur l'objet lui même, il est essentiel que le commerçant connaisse et puisse constater les diverses relations qu'il a eues avec ses clients desquelles serait résulté, soit son droit ou *créance* sur eux, soit leur droit ou créance sur lui; et comme sa mémoire est évidemment insuffisante pour en retenir tous les détails, il en résulte la nécessité d'en prendre note et d'en rappeler le souvenir d'une manière quelconque. Divers moyens ont été employés à cet effet dans l'origine du commerce, et sont encore en usage chez les personnes étrangères à l'art de l'écriture, depuis la *croix faite à la muraille*, *l'épingle piquée à la manche* jusqu'aux baguettes ou bâtons fendus, vulgairement nommés *ouches*, dont se servent encore la plupart de nos boulangers, bouchers, etc.

Telles furent indubitablement les premières *Écritures* des commerçants. Ce ne fut que bien plus tard, et par suite de l'extension des relations commerciales que des gens lettrés commencèrent à se servir, pour y inscrire les renseignements relatifs à leurs affaires, des tablettes de cire alors en usage pour recevoir l'écriture. Bientôt la nécessité de conserver les renseignements relatifs à ces comptes, afin de les éclairer les uns par les autres, engagea à joindre et lier ensemble plusieurs tablettes, et telle fut l'origine des premiers livres ou registres de commerce. Mais plus tard les relations de commerce se multipliant de plus en plus, les grandes maisons ne se contentèrent plus de ces seules notes relatives à leurs débiteurs et à leurs créanciers et propres à leur en faciliter l'inventaire ; elles voulurent aussi connaître l'entrée et la sortie des diverses valeurs en *espèces*, *marchandises* ou *effets*, afin qu'au moment de l'inventaire, on put s'assurer si ce qui restait de ces valeurs était réellement ce qui en devait rester ; ce qui amena l'emploi du système des écritures dites à *partie double* par suite du double emploi pour chaque opération de la même somme répétée deux fois, une fois comme *entrant* à tel compte, une fois comme *sortant* de tel autre. Et comme l'ancien système qui consistait à ne s'occuper que des débiteurs, continua à être en usage dans la plupart des maisons moins importantes, on lui donna le nom de *partie simple* pour le distinguer du nouveau.

Devant développer d'une manière complète, dans le courant de cet ouvrage, tout ce qui a rapport à l'emploi de ces deux systèmes *(la partie double et la partie simple)*, nous nous contenterons de cet exposé, et nous allons passer à ce qui concerne les Livres nécessaires dans l'usage du commerce.

PREMIÈRE PARTIE.

Des Livres nécessaires à tout Commerçant,

1° D'après la loi ; 2° d'après ce qu'exigent ses propres intérêts , etc.

TROIS RAISONS principales imposent à tout commerçant l'obligation de tenir et conserver en règle les divers renseignements nécessaires à la bonne direction de ses affaires : *la loi, son propre intérêt* et le soin de *sa réputation.*

1° *La loi.* — Il suffira d'en rapporter le texte pour faire connaître combien sur ce sujet ses prescriptions sont formelles et obligatoires, et à quoi s'exposent ceux qui négligent de s'y conformer :

Dispositions de la Loi sur les Livres du Commerce.

Code, art. 8. Tout commerçant est tenu d'avoir un *Livre Journal* qui *présente, jour par jour*, ses *dettes actives et passives*, les opérations de son commerce, ses négociations, acceptations ou endossements d'effets, et généralement *tout ce qu'il reçoit et paie à quelque titre que ce soit* , et qui énonce, mois par mois, les sommes employées à la dépense de sa maison ; le tout indépendamment des autres livres usités dans le commerce, *mais qui ne sont pas indispensables* (1). — Il est tenu de mettre en liasse les lettres missives qu'il reçoit, et de copier sur un registre celles qu'il envoie.

Art. 9. Il est tenu de faire, tous les ans, sous seing-privé, un *inventaire* de ses effets mobiliers et immobiliers, et de ses dettes actives et passives, et de le copier année par année sur un registre spécial à ce destiné (2).

Art. 10. Le livre *Journal* et le livre des *inventaires* seront paraphés et visés une fois par année. Le livre de *Copie de Lettres* ne sera pas soumis à cette formalité. Tous seront tenus par ordre de date, *sans blancs, lacunes ni transports en marge.*

Art. 11. Les livres dont la tenue est ordonnée par les articles 8 et 9 ci-dessus, seront *cotés, paraphés et visés,* soit par un des juges des tribunaux de commerce, soit par le maire ou un adjoint, dans la forme ordinaire et *sans frais* ; les commerçans seront tenus de conserver ces livres pendant dix ans.

Art. 12. Les livres de commerce *régulièrement tenus*, peuvent être admis par le juge pour faire preuve entre commerçants pour faits de commerce.

Art. 15. Les livres que les individus faisant le commerce, sont obligés de tenir et pour lesquels ils n'auront pas observé les formalités ci-dessus prescrites, ne pourront être représentés ni faire foi en justice au profit de ceux qui les auront tenus, *sans préjudice de ce qui sera réglé au titre des faillites et banqueroute.* (Articles 587 et 593).

Art. 17. Si la partie aux livres de laquelle on offre d'ajouter foi, refuse de les représenter, le juge peut déférer le serment à l'autre partie.

Dispositions pénales.

Art. 587. Pourra être poursuivi comme *banqueroutier simple*, et être déclaré tel, le failli qui présenterait des livres *irrégulièrement tenus*, sans que néanmoins les irrégularités indiquent la fraude. (Peine, art. 592, emprisonnement d'un mois à deux ans.)

(1) *Ainsi le journal étant le seul reconnu par la loi, il doit être le plus complet en renseignements, et nous devons y porter toute notre attention. Notre récapitulation par jour ou par semaine vient lui donner encore une bien plus grande autorité.* (*Voir notre* ALBUM DU COMPTOIR.)

(2) *Dans notre système, ce précepte de la loi est rempli sans travail toutes les semaines pour donner au négociant seul la connaissance de sa situation.* (ALBUM DU COMPTOIR.)

Art. 593. Sera déclaré *banqueroutier frauduleux*, tout commerçant failli, s'il a *caché ses livres*.

Art. 594. Pourra être poursuivi comme *banqueroutier frauduleux* et être déclaré tel, le failli qui n'aurait pas *tenu des livres*, ou dont les livres ne présenteront pas sa véritable situation active et passive.

(Peines. Art. 402. C. P. travaux forcés à temps (pour les agents de change et courtiers.)

Art. 404. *id.* Faillite simple, *Travaux forcés à temps.*

Banqueroute frauduleuse, trav... fc.cés à perpétuité.

24. Ainsi, aux termes mêmes de la loi, un seul livre pourrait à la rigueur suffire à un chef de commerce pour satisfaire à ce qu'elle lui commande relativement à ses écritures; toutes ses prescriptions se bornant à exiger de lui de simples notes de toutes ses diverses opérations de *chaque jour*, *achats*, *ventes*, *négociations*, *paiements*, *recettes*, etc. — Ce livre, c'est le livre appelé **Journal**. Il suffit que les opérations y soient représentées *jour par jour*, dans l'ordre où elles ont été faites, avec tous les détails et renseignements nécessaires et propres à constater sa bonne foi et à mettre sa réputation à l'abri dans le cas malheureux où il aurait à justifier sa gestion personnelle par devers ses créanciers, ou serait obligé de poursuivre judiciairement quelqu'un de ses propres débiteurs.

25. Cependant, comme la loi exige que toutes les écritures passées au Journal soient propres et nettes, et qu'elle proscrit expressément, ainsi que nous l'avons vu, toute rature, transposition, intercalation et surcharge quelconques, la plupart des commerçants, avant d'inscrire leurs opérations sur ce livre, sont dans l'usage d'en faire une espèce de brouillon ou **Brouillard**, vulgairement appelé *Main Courante*, parce que les écritures s'y font *au courant de la plume* et à la hâte, sans autre soin que celles des notes et des chiffres, exactitude d'autant plus indispensable c'est sur ce livre que se prennent les renseignements dont se doit composer le *Journal*, lequel n'est pour beaucoup de commerçants qu'un simple *relevé au net* du Brouillard, relevé suffisant du reste pour satisfaire à la loi, par qui il n'est prescrit pour le Journal aucun mode de rédaction particulière.

26. Mais quoique la loi n'exige pas explicitement d'autre livre que le *Journal*, lequel suffit pour prouver à ses yeux la probité et la bonne foi d'un commerçant, ce livre quelque régulièrement tenu qu'on le suppose, est loin de donner tous les renseignements dont la connaissance importe *aux intérêts* d'un chef de commerce. En effet, ce qu'il importe le plus à un commerçant de connaître sous le rapport de ses intérêts, est moins l'ordre et la suite de ses opérations, que le fruit et le *résultat* qui en découle, résultat d'où naît la *situation* bonne ou mauvaise de ses affaires; or pour peu que l'on réfléchisse à la manière dont il peut obtenir cette connaissance, on n'aura pas de peine à comprendre que le Journal est insuffisant à la lui donner avec exactitude (1).

27. D'où provient, en effet, la situation favorable d'un commerçant? Évidemment de l'augmentation de ce que possédait le commerçant, ce que l'on nomme autrement son *Actif*; laquelle augmentation ne peut provenir que de ce que, dans les divers échanges qui constituent toutes ses opérations, il a plus reçu qu'il n'a donné, d'où est résulté pour lui un *bénéfice* ou situation à son avantage; si au contraire il y avait en résultat diminution de ce même *Actif* parce que dans ces mêmes échanges le commerçant se trouverait avoir plus donné qu'il n'aurait reçu, cela constituerait pour lui une *perte* ou situation à son désavantage. Mais pour pouvoir établir cette comparaison de ce qu'il a donné avec ce qu'il a reçu, il est nécessaire qu'il ait d'un côté le montant total de toutes les valeurs *entrées*, et d'un autre celui de toutes les valeurs *sorties*, montant que l'on ne pourrait obtenir avec assez d'exactitude sur le Journal, quoique pourtant ce livre contienne réellement la substance de tous les renseignements nécessaires et propres à le faire connaître.

(1) Ce problème : *donner toute la situation du commerce sur le Journal*, dont la solution me paraissait si difficile, pour ne pas dire impossible, je l'ai moi-même résolu de la manière la plus heureuse et la plus complète dans ma **nouvelle Tenue des Livres abrégée** *en partie simple, reproduisant tous les résultats de la partie double.* Voir ce nouvel ouvrage. PRIX : 2 fr.

On ne peut en effet, s'assurer du montant total des *entrées* et des *sorties*, qu'à l'aide d'un classement particulier des sommes dans cet ordre; mais ce classement, par la raison qu'il doit représenter les sommes non par ordre de date, mais par nature d'objet, ne peut s'effectuer sans laisser dans les pages des intervalles blancs et des lacunes incompatibles avec la disposition du journal qui, d'après la loi, n'en doit présenter d'aucune sorte ; et pour l'obtenir après coup d'après les écritures du Journal, sans parler de la perte énorme de temps que cela exigerait de la part du commerçant (dans les méthodes usitées), ce serait une opération, sinon impossible, du moins d'une difficulté presque insurmontable (1).

Voilà pourquoi il a été jugé plus convenable et plus commode d'avoir un registre uniquement destiné à représenter les *entrées* et les *sorties* des diverses valeurs du commerce.

28. Ce livre formé avec les renseignements donnés par le journal a été pour cette raison nommé *Extrait*. On lui a aussi donné le nom de *Livre de raison*, parce qu'il permet au chef de commerce de raisonner sa situation et de se rendre compte de l'état de ses affaires ; mais comme il est beaucoup plus connu sous le nom de **Grand-Livre**, qu'il a reçu à cause de son format ordinairement assez volumineux, c'est aussi sous ce dernier nom que nous le désignerons dans le courant de ce traité. Le *Grand-Livre*, quoique la loi ne l'exige pas explicitement, n'est pas moins indispensable à un commerçant que le Journal. Si ce dernier Livre lui sert à prouver sa bonne foi, et à sauver au besoin sa propre réputation, les renseignements qu'il puise dans le *Grand-Livre*, lui servent à augmenter et souvent même à sauver sa fortune, soit en activant un commerce avantageux, soit en cessant à propos des opérations ruineuses.

(1) Le système développé dans mon *Album du Comptoir*, résout complètement cette difficulté.

Classement ou Comptes à établir sur le grand-Livre.

DIVERS SYSTÈMES. — PARTIE SIMPLE. — PARTIE DOUBLE.

29. Le but des écritures et renseignements à porter sur le *Grand-Livre* étant de présenter au commerçant le *compte* ou classement par *entrée* et *sortie* des valeurs à sa disposition, afin qu'il puisse en faire la différence et reconnaître les bénéfices ou les pertes qui en résultent, il reste à savoir comment se doit opérer ce classement qui forme en quelque sorte toute la tenue des Livres.

Ainsi que nous l'avons dit plus haut, il existe pour diriger ce classement des comptes aux Livres de commerce, deux systèmes principaux, également usités parmi les commerçants : — l'un, moins complet, quoique suffisant pour satisfaire à ce qu'exige la loi, se borne à mentionner ce qu'elle appelle les *dettes actives et passives* du commerçant, c'est-à-dire, les divers clients et commettants portés comme *débiteurs* ou *créanciers* de la maison, par suite de nos relations avec eux, sans rechercher autrement le mouvement des diverses valeurs qui servent aux échanges. Ce système a été nommé PARTIE SIMPLE, par opposition de l'autre plus complet dont nous avons à parler, lequel a reçu le nom de PARTIE DOUBLE par la raison que, tout en présentant de même que par la *Partie simple*, les dettes actives et passives du commerce, il reproduit encore en regard et par forme de contrôle, l'*Entrée* et la *Sortie* des diverses valeurs qui servent à l'échange commercial, et dont ainsi il est facile de constater l'augmentation ou la diminution, et par suite le *bénéfice* ou la *perte* qui en résulte. Mais comme la *Partie simple*, du moins telle qu'elle a été pratiquée jusqu'à ce jour (1) est très incomplète, et du reste, très facile, il suffira des modèles que nous en présenterons dans les Livres pour en donner l'intelligence; nous réserverons donc tous nos développements pour la *Partie double*, système qui, malgré toutes ses complications et ses obscurités, n'en est pas moins le plus complet qui ait été en usage jusqu'à ce jour.

(1) Voir la note page 14.

30. Voyons donc quelles sont les diverses valeurs auxquelles il est à propos d'ouvrir, en *Partie double*, des comptes séparés au Grand-Livre, afin d'en constater les *entrées* et les *sorties* individuelles, dont la comparaison peut seule nous donner la connaissance des résultats du commerce.

Des diverses espèces de Comptes à établir pour un Commerce.

Ce classement n'est autre que celui que nous avons dit dans nos *notions préliminaires*, avoir été adopté pour la division des valeurs du commerce, c'est-à-dire :

31. 1° Tout *objet en nature* acheté par le commerçant dans le but d'être revendu par lui à son bénéfice, et dont on a représenté le compte sous le nom générique de . . . **MARCHANDISES GÉNÉRALES.**

32. 2° L'argent ou *valeur en espèce* avec lequel il se procure les *marchandises* ou qu'il reçoit en échange quand il les vend. Cet argent étant ordinairement tenu renfermé dans un coffre appelé *caisse*, on en a par cette raison représenté l'entrée et la sortie à un compte ainsi appelé. **CAISSE** générale.

33. 3° Par la même raison, les *valeurs en papiers* par lesquelles est représentée la promesse ou l'adhésion des clients de payer à une époque déterminée telle ou telle somme sur l'Ordre de la maison, ont été classées à un compte nommé *Portefeuille*, parce qu'elles sont ordinairement contenues dans un carnet ainsi appelé. Un grand nombre les a aussi désignées sous le nom de *Traites et Remises* comme réunissant ces deux espèces de billets. Enfin, comme toutes elles représentent des valeurs à recevoir, on les a plus généralement représentées sous le nom de . **EFFETS ou valeurs A RECEVOIR.**

34. 4° Enfin la nécessité de prendre note des Billets que l'on souscrivait de même à l'ordre d'un autre commerçant, afin de se mettre en mesure de les acquitter à l'échéance, de même que le besoin de connaître quand ils étaient rentrés, afin de s'assurer des sommes qui restent

encore à payer au moment de l'inventaire, a exigé encore l'emploi d'un nouveau compte de **BILLETS** ou effets **A PAYER.**

35. Lesquels ne peuvent en aucune manière être confondus avec ceux des *Effets à recevoir*; ces derniers devant figurer à l'*actif* de l'inventaire en qualité de *créances;* tandis que les effets à payer ne représentant que des *dettes* de la maison, font au contraire partie du *passif.*

Ce qui fait voir combien était vicieux et obscur l'ancien compte de *traites et remises* qui réunissait les uns et les autres sous ce même nom.

OBSERVATIONS.

36. Les quatre comptes dont nous venons de donner la définition, représentent chacun un objet matériel et dont l'*entrée* et la *sortie* peuvent *physiquement* et *actuellement* être constatées. Ils forment ce qu'on a appelé les **COMPTES GÉNÉRAUX** d'un commerce, soit parce qu'ils peuvent exister dans toute espèce d'industrie, soit parce que, (ce qui est plus rationnel,) ils établissent la classification de toutes les valeurs commerciales en quatre divisions générales dont chacune comprend divers objets de même nature, et cela pour les distinguer d'autres comptes qui n'ayant chacun qu'un objet spécial, ont, pour cette raison, reçu la dénomination de **COMPTES PARTICULIERS** ou **PERSONNELS.**

37. Ainsi que nous l'avons dit plus haut, il peut arriver, et il arrive très souvent dans l'usage du commerce, qu'en livrant une marchandise ou valeur à un client, le commerçant n'en reçoive immédiatement aucun paiement; d'où il résulte pour lui, sur ce même client, un *droit* qu'il considère avec raison comme une valeur réelle quoique non actuellement en sa possession, mais dont l'entrée n'est que *différée.* Ce droit, il importe au commerçant de le constater sur ses livres, soit pour en conserver le souvenir, soit pour pouvoir le faire valoir en temps utile et en opérer la rentrée quand il le jugera convenable; de là, la nécessité d'un nouveau genre de classement ou compte spécial pour chacun de nos clients, classement destiné à nous représenter notre droit sur lui ou *nos valeurs en sa possession,* et dont *la rentrée* est pour nous *dif-*

férée (1). Et comme dans ce cas notre droit porte spécialement sur sa personne, et non sur aucune valeur particulière en sa possession (aux termes même de la loi), il a été assez naturel que ce fut le nom même du client qui nous le représentât : UN TEL DE TELLE VILLE.

38. La situation d'un commerçant par rapport à ses clients, pouvant être modifiée non seulement par le droit qu'il a sur eux pour les valeurs qu'il leur a remises, mais encore par celui qu'ils ont sur lui pour celles qu'il en a reçues sans leur donner immédiatement aucun équivalent, il ne lui importe pas moins de constater ce droit qui forme pour lui une obligation dont il doit se souvenir, afin de se mettre en mesure de l'acquitter au temps convenable ; et comme ce droit est tout personnel, c'est-à-dire n'atteint que sa personne (d'après ce que nous avons dit plus haut), il convient encore qu'il soit représenté par le nom du client lui-même, par qui il y a *sortie différée* d'une valeur en notre possession; mais à déduire pour la Situation, de celles dont nous sommes véritablement les légitimes maîtres.

39. Et comme notre droit sur un client résulte des valeurs que nous lui avons remises et que par conséquent il nous *doit*, c'est aussi par le même mot *Doit* que l'on représente cette situation à son compte; de même que son droit sur nous, provenant de ce que nous en avons reçu, et qui compose son *avoir donné*, a dû être représenté par le mot *Avoir.*

De là, pour chaque compte de client, les deux situations de DOIT pour les valeurs qu'il a reçues, et de AVOIR pour celles qu'il a fournies, situations qu'il importe autant de ne pas confondre que celles *d'entrée* et de *sortie* pour les comptes généraux. Voilà pourquoi l'usage a prévalu dans le commerce de les établir, quoique au même compte, *sur deux pages séparées* mais en regard.

40. NOTA. Nous avons dit plus haut, et nous devons le faire remarquer, que la raison pour laquelle nous nommons du nom du client, le compte destiné à nous représenter, soit le droit que nous avons sur lui

(1) Voir ci-après notre *Théorie nouvelle*, page 32 et suivantes.

pour les valeurs que nous lui avons remises, soit celui qu'il a sur nous pour celles que nous en avons reçues, c'est que (aux termes de la loi), ce droit est tout personnel et ne peut en aucune manière porter sur l'objet lui-même, dont il est devenu bien véritablement le légitime propriétaire; il n'en serait pas de même, si cet objet ne lui avait été confié qu'à titre de dépôt; notre droit dans ce cas ne portant directement que sur l'objet et indirectement sur la personne, et seulement au cas de non représentation de l'objet. Voilà pourquoi dans le cas de *dépôt* et de *consignation*, il conviendrait d'établir un nouveau compte spécial de MARCHANDISES CHEZ UN TEL, pour constater notre droit direct sur elles, ou de MARCHANDISES en dépôt D'UN TEL, s'il s'agit d'objets à nous remis à ce titre.

41. Par suite du même principe „ s'il s'agissait d'une opération sur des marchandises achetées *en participation*, c'est-à-dire pour lesquelles nous n'avons qu'une part avec un ou plusieurs commerçants, par la raison que les résultats de cette opération ne peuvent nous appartenir en entier, on ne pourrait pas confondre ce genre de marchandises avec celles que nous avons nommées *marchandises générales*. Il conviendra donc de les classer séparément à un compte spécial que l'on nommera : MARCHANDISES *à demi*, *à tiers* ou EN PARTICIPATION, *etc.*, AVEC TEL, TEL, etc.

42. Tous les comptes dont nous venons de parler, tant les comptes *généraux* que les comptes *particuliers* ou *personnels*, sont destinés à reproduire l'*entrée* et la *sortie* d'une valeur ou *en nature*, représentée par le nom de l'objet, ou *en droit*, représentée par le nom du client qui en est ou responsable ou créancier.

Mais il peut arriver qu'un commerçant donnant une valeur nominalement *plus forte*, ne reçoive en échange qu'une valeur réellement *moindre*; d'où naît pour lui un *déficit d'entrée* qu'il peut immédiatement constater, et dont dans ce cas il est à propos qu'il prenne note, afin de ne pas attribuer plus tard ce *déficit* à une erreur, ce qui l'exposerait à des recherches aussi longues qu'infructueuses. Ce *déficit*, par la raison qu'il forme pour lui une perte, devra être porté à un compte de Pertes ou *déficit d'entrée*.

Et comme dans un cas contraire, c'est-à-dire s'il se trouvait avoir reçu plus qu'il n'aurait donné, il y aurait à son avantage un *déficit de sortie* qui formerait son bénéfice ; ce déficit serait également représenté à un compte de bénéfice, dits Profits, ou *déficits de sortie*.

Mais ces deux sortes de déficits ne sont que deux situations du même objet ; voilà pourquoi on n'en a fait qu'un seul compte sous le nom général de **PROFITS ET PERTES** ou **RÉSULTATS** du commerce.

43. Ce compte ne devant être considéré que comme un classement des valeurs qui manquent dans les opérations ou échanges du commerçant, soit à l'*entrée*, soit à la *sortie* pour qu'il y ait équilibre de ces deux situations, il suit de là que tout *déficit d'entrée* formant une perte, l'*entrée* de ce compte indiquera les *pertes* ; tandis que le *déficit de sortie* nous produisant nos bénéfices, ce sera par la sortie du même compte qu'ils nous seront représentés.

44. En mettant des valeurs en commerce, le commerçant doit nécessairement conserver le droit qu'il avait sur elles et qui en faisaient sa propriété ; ce droit sera constaté à un compte qui le représente spécialement et auquel on a donné pour cette raison le nom de **CAPITAL** (tète ou chef du commerce).

45. Ce compte uniquement destiné à présenter le droit du chef de commerce, tant sur les valeurs versées par lui, que sur les bénéfices qui résultent de ses opérations, pourrait facilement être réuni avec celui de *Profits et Pertes*, tous deux ayant indirectement le même objet, attendu que les pertes ne sont qu'une diminution du droit du commerçant, et que des bénéfices résulte pour lui une augmentation de ce même droit. Mais comme l'usage est dans le commerce de se servir de ces deux comptes, nous croyons convenable d'en conserver la distinction.

Tous les comptes dont nous venons de parler se divisent ordinairement dans le commerce en deux classes distinctes de

COMPTES GÉNÉRAUX comprenant toutes les valeurs, tant positives que négatives du commerce, représentées par un objet ou par un titre, tant en notre faveur que contre nous, et que nous avons nommées *marchandises*, *caisse*, *effets à recevoir* et *effets à payer*.

La deuxième classe comprend, sous le nom de **COMPTES PAR-TICULIERS** *ou de divers*, tous ceux de chacun des clients du commerce, sous quelque nom qu'il soit désigné; en tête desquels doit figurer le compte destiné à représenter le droit du chef de commerce lui-même, soit sur le commerce sous le nom de *Capital*, soit sur les résultats du commerce sous celui de **profits et pertes**, deux comptes qui n'ayant, l'un et l'autre, qu'un même objet, peuvent sans difficulté, si l'on veut, être réunis en un seul.

46. Nota. Quoique ce dernier compte de **Profits et Pertes ou Capital** soit réellement un compte particulier, cependant comme il est de la nature de ceux qui se rencontrent dans toute espèce de commerce, il a généralement été considéré comme faisant partie des *comptes généraux* au nombre desquels nous le conserverons.

Cette distinction des comptes d'un commerce en *Comptes généraux* et en *Comptes particuliers*, presqu'entièrement oiseuse dans l'ancien système, devient tout-à-fait importante et indispensable pour la pratique, dans le système économique et infaillible que nous avons développé dans notre *Album du Comptoir*. (Voir cet ouvrage.)

47. Ce que nous avons dit plus haut relativement aux *comptes particuliers*, doit faire comprendre l'emploi de tous ceux qu'il est possible de créer pour une industrie quelconque, et dans n'importe quel cas qui puisse se présenter. Le principe qui doit servir de règle unique est toujours la *nature des renseignements à obtenir* au sujet de tel ou tel objet, ou de telle ou telle personne; renseignements qui consistent uniquement à constater, d'un côté, notre droit sur elle, ou ce qu'elle nous **doit**, et de l'autre son droit sur nous en raison de ce qu'elle peut nous **avoir** donné.

Nota. On comprendra facilement que ces deux situations de *doit* et *d'avoir* s'annulant l'une l'autre, par la raison que le droit de mon client sur moi compense et détruit évidemment mon droit sur lui pour une somme égale; ce n'est que par la déduction du montant de l'un sur le montant de l'autre, que l'on pourra reconnaître le *montant net*, d'où résulte notre véritable situation à son égard.

Ainsi le commerçant qui désirerait obtenir des renseignements spéciaux sur un objet particulier de son commerce, pourrait avoir un compte spécial pour cet objet, en dehors du compte général de marchandises. Un marchand de vin, par exemple, pourrait avoir un compte à part pour chaque espèce principale de vins, ainsi nommés *Vins fins*, *Vins ordinaires*, ou plus spécialement *Vins de Bordeaux*, *Vins de Champagne*, etc. De même un marchand de fers pourrait avoir un compte à part pour les *Fers d'Allemagne*, etc., et ainsi dans tout autre commerce, pour tout objet sur lequel on désire des renseignements spéciaux, *Sucres*, *Cafés*, etc.

Cependant nous devons faire observer qu'il faut le moins possible multiplier les comptes à part, tant à cause de la complication que cela apporte dans le travail des écritures, que par la quantité d'erreurs auxquelles on est exposé, s'il arrive que l'on confonde les divers objets de ces comptes en portant à l'un ce qui a rapport à un autre, ce dont il est bien difficile de se préserver, quand ces comptes sont trop multipliés. Ce ne doit donc être que dans le cas d'une véritable nécessité de renseignements spéciaux qu'il convient de faire usage de ces subdivisions.

Classement des Entrées et des Sorties aux Comptes-Formules usités.

49. Le but du classement ou comptes établis sur le Grand-Livre, étant de représenter l'*augmentation* ou la *diminution* des diverses valeurs du commerce pour pouvoir les comparer, et reconnaître ainsi la situation des affaires, on a déjà compris qu'il est indispensable que chaque compte présente deux divisions : l'une des valeurs *entrées*, d'où est résulté l'*augmentation* de son objet, l'autre de celles *sorties* de ce même objet, d'où en est résulté la *diminution* ; la différence devant faire connaître ordinairement ce qui reste.

50. Et comme on ne saurait trop éviter de confondre ces deux situations, non contents d'en classer les sommes dans deux colonnes différentes

(voir ci-après le modèle du Grand-Livre à la planche générale), un grand nombre de commerçants ont même jugé à propos de les établir sur deux pages différentes quoiqu'en regard : l'une (celle de gauche) destinée à représenter l'*entrée* de l'objet et l'autre (celle de droite) pour y en inscrire le montant des *sorties*, et de crainte encore qu'une distraction ne fit par mégarde porter dans l'une ce qui devait figurer dans l'autre, on y a inscrit en gros caractères, en tête de chacune de ces deux pages, le genre de situation qu'elle devait représenter. Les mots les plus naturels pour représenter ces deux situations de chaque valeur du commerce étaient certainement ceux d'*entrée* et de *sortie*, propres à être compris de tout le monde, comme exprimant nettement et clairement leur objet ; mais, soit que suivant l'usage de ces premiers temps où la science s'enveloppait de mystère pour se rendre plus respectable, MM. les teneurs de livres aient voulu rendre leur art inaccessible au vulgaire, soit que, à l'époque où ils introduisirent dans la tenue des livres l'emploi des comptes généraux ou *partie double*, ils aient voulu éviter tout changement dans les mots usités, ils conservèrent ceux de *doit* et *avoir* depuis longtemps employés pour les comptes des personnes, ce qui constituait la **PARTIE SIMPLE** ainsi que nous l'avons expliqué plus haut. Le mot *doit* fut donc dès-lors employé pour désigner la situation *d'entrée*, comme celui de *avoir* pour désigner la *sortie*. Ils furent en conséquence écrits en gros caractères en tête de chacun des comptes généraux au grand livre, comme ils l'étaient déjà en tête de chacun des comptes des personnes, ce qui amena les formules :

DOIT   CAISSE   ⎡GÉNÉRALE.   AVOIR.
DOIVENT   MARCHANDISES GÉNÉRALES.   AVOIR.

Absolument comme on aurait dit :

DOIT   PIERRE DE PARIS.   AVOIR.
DOIT   JULIEN DE LYON.   AVOIR.

représentant ainsi chaque *valeur* ou chaque compte, absolument comme une personne chargée et responsable des *valeurs* qu'on lui confie, et ayant droit à être déchargée de celles qu'on lui reprend.

51. Peut-être cela vint-il de ce que , dans les grandes maisons de commerce , par qui il est probable que la *Partie double* commença d'abord à être employée , la multipliciié des affaires avait introduit l'usage de diviser le travail , en établissant une spécialité pour chacun des employés ou *commis* de la maison. Ainsi , l'un était chargé et par conséquent responsable des *Marchandises* , un autre de la *Caisse* , un autre du *Portefeuille* , un autre des échéances , etc. , etc. ; leur compte devait alors s'établir ainsi :

DOIT.   COMMIS DES MARCHANDISES.   AVOIR.
DOIT.   COMMIS DE CAISSE.   AVOIR.
DOIT.   COMMIS DE PORTEFEUILLE.   AVOIR.

Et de même pour les autres *spécialités* , par un principe uniforme ; intitulé que l'on abrégea bientôt en y supprimant le mot de *commis* , de la manière suivante , ce qui reproduisit les formules ci-dessus énoncées :

DOIVENT.   MARCHANDISES GÉNÉRALES.   AVOIR.
DOIT.   CAISSE.   AVOIR.

52. Et comme dans la suite les teneurs de livres du temps se montrèrent peu curieux d'en chercher ou d'en indiquer l'origine , il en résulta pour les élèves cette obscurité et par suite ces difficultés qui , se dressant comme un fâcheux épouvantail devant leur imagination effrayée , en rebutèrent le plus grand nombre , et firent désigner par eux le système de la Partie double sous le nom proverbial de partie *trouble*.

Où se prennent les renseignements donnés sur le Grand-Livre?

53. Si le commerçant portait immédiatement sur le Grand-Livre les sommes qui appartiennent à chaque compte , au fur et à mesure des opérations , outre que ce serait un travail trop minutieux et peu commode , vu le format exagéré de la plupart de ces registres , il en résulterait qu'en cas d'erreur , il n'y aurait presque pas de moyen de se retrouver , par la difficulté de reconnaître l'ordre de la suite des opérations. Après cela, le Journal étant, ainsi que nous l'avons vu plus haut, le seul livre reconnu par la loi , et devant être tenu jour par jour, l'u-

sage s'est généralement introduit d'y prendre les renseignements dont
se doit composer le Grand-Livre ; mais pour éviter les difficultés que
présenterait un classement trop précipité, et la quantité d'erreurs dont
fourmilleraient bientôt les écritures , par suite de sommes classées à un
compte quand elles appartiendraient à un autre , ou portées comme
entrées quand elles seraient *sorties*, etc. , on s'est peu à peu habitué
à établir sur le Journal un travail préparatoire qui facilitât et indiquât
d'avance ce classement.

54. Ce ne furent sans doute dans l'origine que de simples notes portées en marge du Journal en face des sommes , dans le but de faire reconnaître à quel compte elles appartenaient , pour éviter qu'on ne les
portât à un autre compte au Grand-Livre.

Ainsi , pour marquer que telle somme était un montant de *Marchandises* , par exemple , ou de *Caisse*, etc. , et devait en conséquence
figurer à ces comptes au Grand-Livre , on écrivait en marge du Journal
en face de la somme et avant le raisonnement relatif à l'opération , les
mots : *Marchandises* ou *Caisse* , etc. , de même que plus anciennement à
l'égard des comptes particuliers , pour marquer qu'une somme appartenant au compte de tel ou tel client , on était déjà dans l'usage d'écrire
son nom en marge du Journal en face de la somme.

Mais comme il n'eut pas suffi , pour éviter les erreurs , de distinguer
les comptes, on ne tarda pas à indiquer également la différence de situation d'*entrée* ou de *sortie*,ainsi qu'on le faisait déjà pour les comptes particuliers de *tel* ou *tel* client. Et comme , ainsi que nous l'avons vu, ces
deux situations se trouvaient indiquées sur le Grand-Livre , la première
(celle d'*entrée*) par le mot *doit* , et la seconde (celle de *sortie*) par le
mot *avoir*, imités de leur emploi pour les comptes particuliers , ce fut
aussi des mêmes mots que l'on se servit pour déterminer en marge du
Journal , que telle somme appartenait à tel compte devait être reportée au Grand-Livre à l'*entrée* ou à la *sortie* de ce même compte. Ainsi
pour marquer qu'une somme appartenant au compte de Marchandises ,
devait être également portée à l'entrée de ce même compte , on écrivait
devant la somme en marge du Journal ces mots : *doivent marchandi-*

ses, comme si l'on eut dit : *pour être portée au compte de Marchandises à la page marquée DOIT ou d'entrée* ; de même pour la *caisse* et pour les autres comptes tant généraux que particuliers. Pour marquer qu'une somme devait être portée au Grand-Livre à *l'entrée* de l'un de ces comptes, on écrivait toujours en marge du journal ces mots : *doit Caisse*, *doit Portefeuille* ; ou *doit Pierre, doit Paul*, etc. Par le même principe, la *sortie* était déterminée sur le Journal comme sur le Grand-Livre par l'emploi du mot *avoir* (souvent abrégé à l'aide de la seule lettre A), placé en marge devant la somme : *avoir Marchandises, avoir Caisse*, ou seulement *A marchandises, A caisse*. Et comme dans toute opération commerciale, il y a nécessairement une entrée et une sortie, la nécessité de déterminer l'une et l'autre obligeant de classer deux fois la même somme, fit donner à cette passation d'écritures le nom de **partie double**. Ainsi un achat de marchandises au comptant pour une somme de cent francs, par exemple, demandait le double classement de cette somme de cent francs, une fois à *l'entrée* du compte des marchandises, *doivent marchandises* ; une autre fois à la *sortie* du compte de caisse, *avoir caisse*, ce qui se pratiquait ainsi :

Doit Marchandises , f. 100		*D. Marchandises* , f. 100.
	ou simplement	
Avoir Caisse , f. 100		*A. Caisse* , f. 100.

lesquels mots se trouvaient quelquefois placés sur la même ligne, par exemple quand le raisonnement de l'opération ne contenait que cet espace : *Marchandises à Caisse*.

55. Ce qui amena peu à peu l'emploi des formules embrouillées, *tel à tel, tel à divers*, etc., par lesquels il semblait que tel était débiteur d'un ou de plusieurs autres, quoique originairement ce ne fut pas ce que l'on avait l'intention d'indiquer.

56. L'opération du classement des sommes du journal à l'entrée s'opérant, ainsi que nous l'avons vu, à l'aide du mot *doit*, a été pour cette raison nommée *débiter*, de même que l'on a appelé *débit* d'un compte, les sommes qui figurent à ce compte à la situation d'entrée ; et par la même raison, on a appelé *créditer* l'opération de classer une somme à l'*Avoir* ou *Crédit* d'un compte.

En voilà assez sans doute pour faire comprendre l'emploi de ces mots *Doit* et *Avoir*, et de ces formules de la Partie double, si effrayantes pour les élèves, et qui en réalité sont la seule cause de toutes les obscurités de ce système, le plus naturel cependant et le plus simple qui puisse être employé. (*Voir mon Album du Comptoir.*) Si je me suis autant étendu sur ces détails, c'est que là est réellement toute la difficulté de la Tenue des Livres, et je crois avoir suffisamment démontré qu'elle n'est que dans les mots, et par cette raison, purement imaginaire.

Voyons maintenant comment chacune des opérations du commerce doivent être reportées sur les trois Livres que nous avons reconnus nécessaires au commerçant, c'est-à-dire : sur le **Brouillard** ou *Main courante*, sur le **Journal** *partie simple et partie double*, et sur le Grand-Livre ; ou en d'autres termes *quel est le style de rédaction de ces différents livres.*

FIN DE LA PREMIÈRE PARTIE.

DEUXIÈME PARTIE.

Dispositions, Style et Rédaction des Livres principaux du Commerce.

───◆◆◦◆◆───

───

Du Brouillard.

L E *Brouillard*, comme nous l'avons dit, n'étant pour ainsi parler qu'un Journal *main courante*, doit de même que le Journal présenter les *six renseignements* suivants, lesquels sont essentiels et absolument indispensables vu que la loi les exige. Ce sont :

1o La *Date*.

2o L'énoncé du *genre d'affaire* (Achat, vente, etc.)

3o *Avec qui* elle a eu lieu.

4• *Comment et quand payable.*

5o *Nature des objets*, quantité et qualité.

6o A quel *prix* et total.

EXEMPLE :

──────── (1) Janvier 1er 1840. ────────

(2) Acheté (3) de Williams Béraud (4) au comptant (5) les marchandises suivantes :
10 pièces drap Sédan, noir fin (6) à fr. 400. . . . . 4,000 •

──────── (1) Du 5 dit. ────────

(2) Vendu (3) à Hubert de Paris en échange de son billet à m/o (4) au 1er mars prochain :

(5) 10 Hectolitres vin blanc de Condrieux (6) à fr. 150 1,500
(*) 7 Hectolitres de vin rouge de Beaujolais (*) à fr. 120. . . . . . 840 } 2,940 .
(*) 3 Hectolitres clairette de Die   (*) à fr. 200. . . . . . 600 }

———————— Du 8 dit ————————

Reçu de Hugolin de Rouen, pour solde de m/ facture du 15 septembre
    dernier, les remises ci-après :

N° 6 Lyon, 20 Janvier courant, f. . . . . 4,000 }
N° 7 Lyon, 10 février prochain, f. . . . . 2,000 } 6,000 } 6,600 r.
Espèces pour solde, f. 600 }

58. Cet aperçu du *Brouillard* suffit pour faire connaître à la fois et la manière d'en disposer la réglure, et l'emploi des colonnes qui y sont tracées. Ainsi qu'on a pu le voir, les renseignements s'y viennent classer ordinairement dans l'ordre que nous avons indiqué; il nous a paru le plus convenable, comme étant le plus naturel pour la suite des idées et du raisonnement ; cependant il pourrait sans inconvénient être changé, pourvu qu'il n'y fut omis aucun des six renseignements ci-dessus. On observera que la *date* se met ordinairement dans le milieu de la première ligne de chaque article, et qu'elle est disposée entre deux *filets* ou traits de plume, qui servent à encadrer séparément en un seul article les diverses opérations de chaque jour. Quant au placement des sommes, on peut adopter le principe suivant : 1° placer à droite, dans la colonne intérieure du raisonnement toutes celles qui appartiennent au même objet ou à des valeurs de la même espèce, quand ces sommes doivent être résumées par un total général de tous les articles d'un même objet.

Ainsi, dans l'article du 8 janvier ou notre modèle de Brouillard, les sommes 4,000 et 2,000 appartenant au même objet qui est le *portefeuille* et devant se résumer pour lui en un total de 6,000, ont été avec raison placées dans la colonne intérieure du raisonnement.

59. 2° Pour ce qui est des *Totaux partiels* de chaque objet, par exemple la somme de 6,000, total des Billets de portefeuille que nous recevons de Hugolin, mais non plus total de l'article, puisqu'il y a encore une entrée d'espèces, nous la placerons immédiatement après la colonne du raisonnement, mais avant la somme totale de l'article,

laquelle seule doit toujours figurer une seule fois dans la dernière colonne de droite, où se trouve placée par exemple la somme de 6,000, total général de l'article du 8. Ceci se comprendra beaucoup mieux par l'inspection des modèles. (Voyez planche générale, n. 2, modèle du Brouillard.)

60. Quelquefois il arrive que l'époque du paiement d'un achat ou d'une vente n'est pas indiquée, alors elle est censée convenue à réquisition, c'est-à-dire sur la première demande du vendeur, ou suivant l'usage usité pour ces sortes d'articles, lequel en cas de contestation ferait toujours *loi*.

Du Journal.

61. 1°RÉDACTION DU JOURNAL EN PARTIE SIMPLE. Les *six mêmes renseignements* que pour le brouillard : 1° *date* ; 2° *genre d'affaire, etc.*, (voir ci-dessus page 29.) Même pour beaucoup de commerçants qui ne connaissent la Tenue des Livres ni en partie simple ni en partie double, le Journal n'est qu'un relevé plus au net des écritures du Brouillard, dont il peut être alors la copie textuelle. Mais comme dans les deux systèmes ci-dessus énoncés, ce livre doit préparer et faciliter les écritures à faire sur le Grand-Livre, il en est résulté que les renseignements à y établir ont dû y figurer dans une certaine forme propre à remplir cette destination.

Ainsi, comme en partie simple, le commerçant se contente d'inscrire ceux qui lui doivent ou ceux à qui il doit, tout en donnant les détails nécessaires à la complète intelligence de ces renseignements, l'usage s'est introduit de faire de ces débiteurs ou de ces créanciers le sujet de l'article, et de commencer en conséquence chaque article de Journal en Partie simple de cette manière, si c'est un débiteur :

DOIT UN TEL, *tel objet à lui livré, payable de telle manière, etc.*, AVOIR UN TEL *pour tel objet*, et si c'est un créancier : reçu de lui *de telle et telle manière*, à tel prix, payable etc. ; nous verrons plus tard quand nous nous occuperons de la *partie double* la facilité que présente l'emploi de ces formules, quand on veut porter chaque somme au compte du Grand-Livre auquel elle a rapport. Qu'il suffise de dire ici que pour passer écriture d'une opération en partie simple, il n'y a pour chaque article qu'à constater notre droit sur le client à qui nous livrons, par la formule ci-dessus énoncée : Doit un tel, etc., de même que dans le cas contraire on aura à mentionner le droit soit du client, soit du commettant de qui nous recevrions, à l'aide de ces mots Avoir un tel, etc. (*Voir pour plus de détails sur l'emploi de la Partie simple, et sur les perfectionnements que j'ai apportés à ce système trop incomplet par lui-même, mon Livre du Commerçant en détail, et les divers modèles qui y sont présentés.*)

61. RÉDACTION DU JOURNAL EN PARTIE DOUBLE. *Mêmes principes et mêmes renseignements* que pour le Journal en partie simple, etc., (voir ci-dessus page 31) ; seulement comme les sommes doivent y être nommées par *entrée* et par *sortie*, afin d'en préparer le transport aux comptes du Grand-Livre, on écrira en marge ou autrement, le nom des comptes en face de la somme qui doit être reportée au Grand-Livre ; et pour indiquer à quelle page de ce compte cette somme doit figurer, il faudra avant le nom du compte écrire le mot DOIT s'il s'agit d'une *entrée*, ou le mot A (Abrégé de Avoir) s'il s'agit d'une valeur qui doive figurer à sa page de *sortie*, comme dans le modèle suivant :

Brouillard journalisé ou formé en Partie double

POUR FACILITER LE TRANSPORT AU GRAND-LIVRE.

[EXEMPLES.

——————— (1) 1er janvier 1844. ———————

D. M.ises. . 4,000 (2) Acheté (5) de Wiliams Béraud (4) au comptant (5) les marchandises suivantes:
A. Caisse. . 4,000   (5) 10 pièces de drap Sedan (6) à fr. 400. . . . . 4,000 »

——————— (1) Du 5 dit. ———————

D. Portef. . 2,940 (2) Vendu (5) à Hubert de Paris, en échange de s| Billet à m| o|,4| au
                        1er mars prochain.
A. M.ises. . 2,940 [5] 10 Hectolitres vin blanc de Condrieux (6) à fr. 150 . . . . 1,500 ⎫
                        7 Hectolitres vin rouge du Beaujolais (*) à fr. 120. . . . . . . 840 ⎬ 2,940 »
                        5 Hectolitres clairette de Die à fr. 200 . . . . 600 ⎭

——————— Du 8 dit ———————

A. Hugolin. . 6,600 (2) Reçu de Hugolin de Rouen, pour solde de m| facture du 15 septembre
                         dernier.
D. Portef. . 6,000 [5] No 2 Lyon, 20 janvier courant, f. . . . . . . 4,000 ⎫
                        No 5 10 février prochain, f. . . . . 2,000 ⎬ 6,000 ⎫ 6,000 »
I| Caisse. . 600   En espèces pour solde, ... 600 ⎭

62. Nota. Toute opération de commerce, par cela même qu'elle contient un échange, doit nécessairement présenter *une entrée* et une *sortie*. Et c'est là le principal avantage de la *Partie Double*, qui permet ainsi de constater le mouvement et le déplacement quelconque de toute valeur , et qui, par la *balance* que tout article doit toujours présenter, contrôle et justifie l'exactitude des rapports; suivant ce principe de ce système , de *ne jamais nommer une entrée sans nommer immédiatement la sortie* qui doit en former l'équilibre; de sorte qu'un article de Brouillard ne contint-il qu'une somme , cette somme devra être nommée deux fois, comme devant figurer à deux comptes différents , l'un qui reçoit et l'autre qui donne. — Ainsi , dans notre premier article mentiouné sur notre modèle de Brouillard , la somme de 4,000 fr. est en même temps le montant des *marchandises entrées ,* et celui de *l'argent sorti* de la Caisse. (Voir ci-dessus les explications , page 23 et suiv.)

Application du principe d'Entrée et de Sortie

POUR L'ÉTABLISSEMENT DU JOURNAL A PARTIE DOUBLE.

THÉORIE NOUVELLE ET FACILE DE L'AUTEUR.

63. Déterminer l'entrée et la sortie , est assez facile toutes les fois que dans une opération de commerce , il entre et il sort un objet ou valeur réelle que l'on peut nommer , telle que de l'argent , des marchandises ou même une valeur en papier; mais il arrive souvent qu'en échange de l'objet qu'il donne, le commerçant ne reçoit rien encore immédiatement, le paiement lui étant différé par l'acheteur, qu'il doive avoir lieu à une époque déterminée ou non. De là une sortie sans entrée apparente , ce qui se présente dans tous les cas de ventes dites *à terme.* Ainsi que dans celui où le commerçant acquitterait une facture dont il serait déjà porté débiteur; c'est aussi ce qui a lieu dans le cas de frais, dépenses, pertes, etc., etc.

De même qu'il peut arriver qu'il reçoive lui-même un objet réel sans rien donner immédiatement en échange, soit qu'il diffère le paiement comme dans les *achats à terme*, soit qu'il n'ait réellement rien à donner comme dans ce qu'il recevrait à titre de *bénéfices et intérêts en sa faveur*, etc., tous articles qui semblent présenter des *entrées sans sorties*. Comment donc se reconnaître dans ce grand nombre de cas, et appliquer *quand même* ce principe unique d'*entrée* et *de sortie*.

Le moyen, le voici : Nous distinguerons trois sortes d'entrées et autant de sorties, que nous désignerons sous les noms de :

64. 1° ENTRÉE ACTUELLE, toutes les fois qu'il entre un objet réel et que l'on peut nommer ou *Marchandises* ou *Caisse*, ou *effets à recevoir*, ou même *Billet à payer*, suivant la nature même de cet objet ou valeur ;

65. 2° ENTRÉE DIFFÉRÉE, toutes les fois qu'il y a de la part du vendeur, délai du paiement de l'objet livré. On comprendra facilement que ce délai de paiement nous donnant droit sur la personne qui reçoit l'objet, et nous est ainsi responsable de sa valeur, c'est aussi le nom même de cette personne qui devra figurer à l'entrée, en remplacement de la valeur qui n'entre pas, mais qui doit entrer plus tard par cette même personne. L'entrée différée devra donc être représentée par la formule : *Doit Pierre, Paul, Jacques, etc.* ;

66. 3° ENTRÉE NULLE, toutes les fois qu'il y a *perte*, ou sortie *actuelle* d'un objet ou partie d'objet, sans qu'il entre rien et sans qu'il doive rien entrer en échange. En conséquence, l'*entrée nulle* devra toujours se représenter par la formule : *Doit profits et pertes*, à l'entrée.

De même et par la même raison, les *sorties* devront être classées sous le nom de :

67. 1° SORTIE ACTUELLE d'un objet réel que l'on peut nommer ou *Marchandises*, ou *Caisse*, ou *Effet à recevoir*, ou *billet à payer*, représenté par l'un de ces noms précédé du mot *avoir*.

68. 2° SORTIE DIFFÉRÉE, toutes les fois que, recevant une valeur, nous en différons le paiement, ce qui établit pour notre commettant un droit sur nous que nous devons constater en inscrivant à la sortie le nom de ce créancier , **Avoir Pierre** ou **Paul , Jacques** , etc.

69. 3° **SORTIE NULLE**, quand, en échange d'une valeur que nous recevons , nous ne donnons rien ; ce qui forme pour nous un *bénéfice* toujours représenté par Avoir **Profits et Pertes**.

Quelques exemples feront parfaitement comprendre le développement de ce principe.

1ᵉʳ EXEMPLE.

J'achète des Marchandises en échange d'argent comptant :

Doivent MARCHANDISES . *Entrée actuelle* d'un objet que je nomme *Marchandises générales*.

Avoir CAISSE . . . . *Sortie actuelle* d'un objet que je nomme *Caisse*.

2° EXEMPLE.

J'achète des Marchandises , à Rigaud , à terme , c'est-à-dire sans les payer immédiatement.

Doivent MARCHANDISES . *Entrée actuelle* de *Marchandises générales*.

Avoir RIGAUD . . . . *Sortie différée* , représentée par le nom de RIGAUD , mon créancier.

3° EXEMPLE.

Je perds de l'argent par un vol ou autrement.

Avoir CAISSE . . . . *Sortie actuelle* de la valeur appelée *Caisse*.

Doivent PROFITS ET PERTES. *Entrée nulle* ou perte parce qu'il n'entre rien et ne doit rien entrer ; d'où *Profits et Pertes*.

Ce principe est si simple qu'une plus longue démonstration m'en parait superflue, d'autant plus que j'en donne l'application la plus complète dans mon tableau ci-après (planche première), lequel représente le classement en *Partie double* de tous les cas et opérations qui peuvent se rencontrer dans le commerce.

OBSERVATIONS.

70. Notre *Brouillard journalisé* diffère, il est vrai, quelque peu pour la forme, du Journal partie double, tel qu'il a été usité jusqu'à ce jour dans le commerce ; mais outre qu'il en présente absolument tous les avantages comme préparation du travail à faire sur le Grand-Livre, il a pour lui d'offrir plus de clarté et d'être d'une rédaction infiniment plus facile, d'autant qu'il n'est, ainsi qu'on peut le voir, qu'une copie parfaitement exacte du Brouillard, augmentée seulement d'une marge présentant les noms des comptes auxquels chaque somme doit être portée au Grand-Livre, avec indication, si c'est à la page *Doit* ou d'entrée, ou à la page *Avoir* ou de sortie.

Ainsi le **D.**, **Marchandises**, en marge de l'article du premier janvier, signifie que c'est au compte de marchandise page *Doit*, qu'il faudra porter la somme de 4,000 fr. qui y est jointe.

1° Le **A. Caisse** placé au-dessous indique que c'est au compte de caisse, page *Avoir*, qu'il faudra également porter au Grand-Livre la somme de 4,000 fr. qui y est jointe.

2° Le **A. Marchandise**, en marge de l'article du 5 janvier, qui vient après, fait connaître que la somme de 1,200 fr. qui y est jointe, devra être portée au compte de *marchandise* page Avoir (ou de sortie). — Et le **Doit Portefeuille** placé au-dessous, indique que c'est au compte de *porte-feuille* page Doit (ou d'entrée) que sera portée la même somme de 1200 fr., montant du billet que nous avons reçu de Hubert.

3° De même nous saurons par le **A. Hugolin**, en marge de l'article du 15, que c'est à la page **Avoir** du compte de Hugolin dans le Grand-Livre, que nous devrons porter la somme de 5,600 fr. montant total des valeurs (effets et espèces qu'il nous envoie), tandis que le **Doit Portefeuille** nous avertira de porter au compte de portefeuille, page Doit, la somme de 5,000 fr., montant des effets Nᵒˢ 5 et 6, dont nous avons à constater l'entrée en portefeuille. — Et par suite du **Doit Caisse**, nous constaterons au Grand-Livre, compte de Caisse, page

Doit, l'entrée en caisse de la somme de 600 fr. complétant ce que nous recevons de Hugolin.

A l'aide de ces simples notes, nous nous trouvons d'avoir parfaitement rempli le but pour lequel a été inventé le Journal partie double, qui est de préparer et faciliter le transport des sommes aux différents comptes du Grand Livre.

71. Après cela, de notre Brouillard *journalisé* au journal *usité*, la différence est très-faible, puisqu'elle consiste uniquement dans la forme, laquelle, du reste, ne heurte en rien les principes que nous avons émis plus haut.

N'oublions pas, en effet, que c'est uniquement pour faciliter le transport au Grand-Livre des sommes portées sur le Journal, que nous avons adopté pour le Journal cette formule de **Doit** ou **Avoir tel** ou **tel Compte**; qu'importe donc que la formule soit placée en dehors ou en dedans du raisonnement? En la plaçant en dehors ou dans une colonne particulière nous avons l'avantage de pouvoir distinguer d'un coup d'œil les noms des comptes quand il s'agira de porter au Grand-Livre, sans être obligé d'employer des caractères ou plus gros ou différents; ce dont on ne peut se dispenser dans la méthode ordinaire, où les noms des comptes se trouvent mêlés avec les écritures du raisonnement, comme il est facile de le voir dans le modèle ci-dessous :

Journal ordinaire (Partie double).

DES ARTICLES DU BROUILLARD CI-DESSUS.

———————— Du 1er Janvier 1844. ————————

MARCHANDISES GÉNÉRALES A CAISSE les suivantes.
   Achetées de Williams Béraud au comptant,
10 Pièces de drap noir fin à fr. 400 . . . . 4,000 »

———————— Du 10 Courant. ————————

PORTEFEUILLE fr. 1,200 A MARCHANDISES GÉNÉRALES.
   Vendu à Hubert, de Paris, en échange de son billet à m̦ O au 1er mars.
10 Hectolitres vin blanc de Condrieu à fr. 120 . . . . 1,200 »

————————— Du 15 Courant. —————————

Les Suivants (ou divers), à HUGOLIN de Rouen, fr 5,600
PORTEFEUILLE, les effets ci-dessous :
Lyon 20 janvier . . . . 4,000 } 5,000 } 5,000 »
Lyon 10 février. . . . . 1,000 }   }
CAISSE , solde en espèces. . . . . 600)

72. Il est facile de voir, d'après le modèle ci-dessus, que l'unique différence qu'il présente d'avec notre Brouillard journalisé, consiste en ce que les noms des comptes que nous avions mis en marge, sont placés dans la colonne de raisonnement, et pour cette raison écrits en plus gros caractères, afin qu'ils puissent se distinguer plus facilement des autres écritures figurant à la même colonne. On remarquera seulement dans l'article du 15 juillet, le mot *les suivants* ou *divers* qui précèdent le A Hugolin ; ils remplacent et préparent les noms de Portefeuille et de Caisse qui viennent après et que l'on ne pourrait placer plus tôt sans embrouiller le détail et raisonnement explicatif qui doit naturellement venir immédiatement après le nom du compte auquel il se rapporte.

73. Dans le journal partie double ordinaire, ce genre de phrase *Marchandises à Caisse*, *Marchandises aux suivants*, etc, par lesquelles la *Sortie* dans chaque article est opposée à l'*entrée*, établit ce que l'on a nommé les *formules* ou manière de s'exprimer dans ce système ; leur plus grand vice pour les commençants, c'est leur obscurité et la facilité de leur renversement par suite duquel on est exposé à porter à l'entrée d'un compte ce qui doit être porté à la sortie, et *vice versâ*, d'où naissent autant d'erreurs très-difficiles à vérifier.

Quant à l'emploi des formules en elles-mêmes, il est beaucoup moins compliqué qu'on pourrait se l'imaginer, pouvant se réduire à trois genres seulement par lesquels on peut réprésenter tous les cas possibles dans n'importe quel genre d'opération que ce soit.

Le tableau suivant en réprésente à la fois et les principes et l'application en regard.

ÉNONCÉ. — 1ᵉ GENRE D'ARTICLES.

Un seul Débiteur pour un seul Créditeur. — Une seule entrée
pour une seule sortie.

FORMULE.

Doit TEL A TEL fr. . . . .
Suit le détail :

---

74. — ÉNONCÉ. — DEUXIÈME GENRE.

Un seul Débiteur pour plusieurs Créditeurs.

FORMULE.

Doit TEL *aux suivants* fr. . . . .
Et le détail du tel , c'est-à-dire du Débiteur.
A TEL . . . .
Suit le détail du premier créditeur.
A TEL et le détail du deuxième créditeur , et ainsi de suite pour les
autres . . . .

---

75. — ÉNONCÉ. — TROISIÈME GENRE.

Plusieurs entrées (Débiteurs), pour une seule sortie (Créditeur.)

FORMULE.

Doivent les suivants A TEL , et le détail du créditeur ou du tel qui fournit.
TEL et le détail de la première entrée. . . . .
TEL et le détail de la deuxième entrée , et ainsi desuite pour les autres
débiteurs . . . .

---

76. — ÉNONCÉ. — QUATRIÈME GENRE (Mixte).

Plusieurs Débiteurs pour plusieurs Créditeurs.

FORMULE.

Les suivants aux suivants , ou divers à divers . . . .

PRINCIPE.

Nommer en premier lieu tous les *Débiteurs*, en y joignant le raisonnement
relatif à chacun ; puis ensuite , tous les *Créditeurs* de la même manière.

EXEMPLE.

APPLICATION. — PREMIER GENRE.

Doit TEL A TEL . . . .
Doivent MARCHANDISES fr. 20,000 A CAISSE les suivantes acheté de
Bernard, c| espèces (et le détail, comme au Brouillard)   20,000

APPLICATION. — DEUXIÈME GENRE.

TEL *aux suivants* . . . .

EXEMPLE.

Doivent MARCHANDISES aux suivants fr. 4,500, achat de celles ci-
après, et le détail . . . .
  A PORTEFEUILLE, donné m| remise, n° 7, Paris, 20 juin .   4,000   »
  A CAISSE, espèce pour solde   500   »   4,500   »

APPLICATION. — TROISIÈME GENRE.

Les suivants A TEL. . . . .

EXEMPLE.

Les suivants à MARCHANDISES GENERALES fr. 6,900, pour vente faite
à Rigoct de . . et le détail des marchandises vendues . . . .
  PORTEFEUILLE s| B| à m| 0| 30 septembre 6,000   »
  CAISSE en espèce   200   »
  GERMAIN, le reste de la facture qu'il me doit payer pour le
compte de Rigoct   700   »   6,900   »

APPLICATION. — QUATRIÈME GENRE (MIXTE).

Doivent *Divers à Divers.* . . . .
CAISSE, espèces reçues de Giraud fr 450   »
PORTEFEUILLE reçu de Vincent, solde, m| facture s| b| à m|o, fin
courant, fr. 200   »
  A GIRAUD, pour solde fr. 450   »   1,300   »
  A MARCHANDISES GÉNÉRALES m| facture à Giraud, vente de
10 mètres velours grenat, à fr. 20. 200   »

77. Quoique nous ayons donné le modèle et le principe des articles de *divers à divers*, nous sommes loin d'engager à s'en servir. Outre qu'ils demandent plus de temps et de papier que les autres, ils ont encore l'inconvénient d'obcurcir tout-à-fait le raisonnement du Journal, de sorte qu'il est très-difficile de s'y reconnaître. Nous conseillons donc d'en faire des articles simples de *tel à tel* ou de *tel aux suivants* ou *les suivants à tel*, ce qui est très-facile, attendu qu'ils ne peuvent contenir plusieurs entrées et plusieurs sorties que par la réunion de plusieurs opérations en une qu'il suffit de diviser et de reproduire article par article; ainsi dans l'article mentionné au tableau, il y a réellement deux opérations, 1° l'argent reçu de Giraud, notre débiteur; 2° la vente faite à Rigaud, deux articles simples qui, classés séparément, donneraient les formules :

Caisse à Giraud

et Portefeuille à Marchandises ,

par le moyen desquelles l'article serait beaucoup plus clair et les rapports plus directs et mieux établis.

Cependant on ne peut se dissimuler que l'emploi de toutes ces formules, dans cette dernière forme du journal ordinaire, ne complique et n'embrouille singulièrement les écritures, surtout par suite de l'attirail de ces mots : *divers*, *les suivants* dont leur marche est embarrassée.

Ce qui fera sans doute apprécier et adopter avec empressement l'extrême simplicité de la nouvelle forme de journal que j'ai donnée dans mon Album du comptoir. (Voir cet ouvrage).

78. Disons seulement en passant, *qu'outre l'avantage d'économiser le temps et d'apporter dans les écritures une clarté telle que les erreurs y deviennent impossibles,* ou du moins ne peuvent s'y glisser sans être sur-le-champ contrôlées et immédiatement reconnues, *il présente encore au négociant la facilité d'être seul à connaître la situation de ses affaires; et* (ce qui est bien plus important) *lui permet de s'assurer de la justesse et de l'exactitude de toutes les écritures faites par ses employés, sans avoir même besoin d'inspecter les Livres;* résultat long-temps cherché, et qu'aucun système n'avait encore rendu possible. (*En voir le développe-ment dans mon* Album du Comptoir.)

3° Disposition et rédaction du Grand-Livre.

79. Le Grand Livre n'est, ainsi que nous l'avons dit plus haut, (voyez page 15) qu'un registre où sont portées à des comptes séparés les *entrées* et les *sorties* des diverses valeurs du commerce, chaque compte doit présenter les renseignements suivants :

1° LA DATE dans la 1re colonne de gauche de l'une et de l'autre page ;

2° L'indication du compte en rapport par le moyen duquel telle valeur est entrée ou sortie ; *quelques-uns ajoutent ici le détail de l'objet* pour faciliter l'intelligence de l'article auquel il se rapporte ;

3° L'indication du folio ou page du journal d'où l'on extrait l'article, afin d'en retrouver les détails au besoin ;

4° La page du Grand-Livre où se trouve ouvert le compte mentionné comme en rapport ;

5° La somme.

(Voir à la page suivante le modèle du Grand-Livre, pour achever de comprendre l'emploi et la disposition de ces renseignements sur le Grand-Livre).

Pour compléter ce que nous avons à dire sur les Livres principaux, faisons au Grand-Livre le transport des articles ci-dessus. (Voir notre modèle de Brouillard journalisé ou le modèle du journal ordinaire.)

80. 1° DOIT MARCHANDISES 4,000 fr. Je cherche ou j'ouvre au Grand-Livre le compte de *Marchandises*, puis j'y porte sur la page gauche, marquée *Doit*, la somme de 4,000 ;

81. 2° A CAISSE (même article), je cherche ou j'ouvre au Grand-Livre le compte de Caisse, puis j'y porte sur la page droite, marquée *Avoir*, la même somme de 4,000, et *ainsi de suite pour les autres articles dans les mêmes principes.*

DOIVENT		MARCHANDISES				
Janvier.	1	A Caisse	1	1	4,000	»

DOIT.		**CAISSE**				
Janvier.	15	A Hugolin de Rouen	1	1	600	ε

DOIT.		**PORTEFEUILLE**				
Janvier.	5	A Marchandises générales	1	1	1,200	»
	15	A Hugolin de Rouen	1	1	5,000	»

DOIT.		**HUGOLIN DE**				

		GÉNÉRALES	AVOIR.				
vier.	5	Par Portefeuille		1	3	1,000	•
		GÉNÉRALE AVOIR.					
nvier.	1	Par Marchandises générales		1	1	4,200	•
		GÉNÉRAL AVOIR.					
nvier.	15	Par divers (plusieurs valeurs fournies)					
		ROUEN AVOIR.		1	1	5,600	

TROISIÈME PARTIE.

Manière de commencer et de finir les écritures aux Livres de Commerce.

SOMMAIRE.

1o Inventaire ou Bilan d'Entrée. — De quoi il se compose. — Actif, Passif. — Valeurs qui doivent y figurer. — Comment en établir écriture sur le Journal.
2o Inventaire de fin d'année ou Bilan de Sortie. — opération qui le préparent. — Balance générale de Vérification. — Principes, sa nécessité, son emploi. — Moyen de la trouver. — Recherche des erreurs. — Pointer les livres. — Bénéfices et Pertes, comment les reconnaître et en passer écriture à l'Inventaire. — Solde final des Comptes, Balances des Excédants, son utilité et emploi. — Feuille d'Inventaire, etc. — Comment continuer les Écritures après l'Inventaire, etc.

Inventaire d'Ouverture, ou Bilan d'Entrée.

Avant de rien porter sur ses Livres, il est essentiel pour le commerçant de dresser son **INVENTAIRE** ou *État de situation*, *soit active*, c'est-à-dire de ce qu'il possède en diverses valeurs de *marchandises*, *espèces* ou *papiers*, ou même par son droit sur les divers clients portés comme ses débiteurs; soit *passive*, c'est-à-dire de *ce qu'il doit*, soit en *billets à payer* à des échéances fixes, soit à divers commettants portés comme ses créanciers. De la différence de cet *Actif* et de ce *Passif*, résulte évidemment l'*Actif net* d'où est formé son capital ou droit réel, dont l'augmentation ou la diminution établira à l'inventaire final, le bénéfice ou la perte qui aura résulté des diverses opérations; en sorte que ce premier inventaire devient comme un point de départ d'où l'on devra mesurer, si je puis m'exprimer ainsi, l'espace parcouru dans la route de la fortune. Ce premier inventaire a été aussi nommé **Bilan** ou balance d'ENTRÉE ; les sommes de l'actif et celles du passif devant y être balancées l'une par l'autre à l'aide du capital ; cet inventaire peut être établi soit sur le *Livre des Inventaires*, soit sur une feuille spéciale qui n'en présente que le résumé plus détaillé. (En voir le modèle n° **1**, à la planche générale.) Il n'est point du tout nécessaire que les écritures de l'inventaire soient portées sur le Journal, on peut immédiatement en opérer le classement sur le Grand-Livre, ce qui est un moyen d'empêcher les employés subalternes d'avoir connaissance du montant de la mise de fonds, autrement dit du capital du commerce, et de se mettre ainsi à l'abri, de leur part, d'indiscrétions souvent très-préjudiciables.

83. Quant aux principes qui doivent diriger le classement, on a déjà compris, pour peu que l'on se soit pénétré des explications données précédemment dans la deuxième partie, que l'*Actif* de l'inventaire représentant le droit du commerçant, soit sur diverses valeurs, soit sur ses clients, ce droit devra être mentionné à l'*Avoir* de son compte représenté sous le nom de *Capital* par le *Débit* de chacune des valeurs qui font partie de cet *Actif*, de chacun des clients portés comme débiteurs ; de même le *Passif* de l'inventaire représentant le droit de divers *Créanciers* sur le chef de commerce, c'est-à-dire *ce qu'il doit*; ce droit devra être mentionné à l'*Avoir* de chacun d'eux par le *Débit* de ce même chef de commerce, toujours représenté sous le nom de *Capital*. (*Voir pour l'intelligence complète de ce principe*, la note 7 et 7 *bis*, page 36, au **TABLEAU** Général *du classement en partie double de toutes les opérations qui peuvent se présenter dans le commerce.*)

Inventaire de fin d'année ou Bilan de Sortie.

84. Cet inventaire ressemble exactement pour la disposition à celui d'après lequel on ouvre les livres de commerce (Voir le modèle n° 5 à la planche générale) ; seulement il a besoin d'être préparé par une

Balance générale des sommes portées soit au *Débit*, soit au *Crédit* du Grand-Livre, dans le but de vérifier les écritures et d'en contrôler l'exactitude et la justesse.

Balance de Vérification.

MANIÈRE DE LA TROUVER.

85. Pour comprendre les opérations dont se doit composer la *Balance de vérification*, quelques principes sont nécessaires.

Qu'on se rappelle d'abord ce que nous avons dit précédemment, que le Grand-Livre n'est qu'un extrait du Journal dont il doit reproduire toutes les sommes classées par entrées et par sorties ; d'où il résulte que l'ensemble des sommes soit du débit, soit du crédit du Grand-Livre doit reproduire le même total que celui de l'emsemble des sommes portées à la dernière colonne du Journal ; de là, pour première opération de la Balance, la nécessité *d'une addition générale, soit du Journal, soit du débit et du crédit du Grand-Livre.*

86. Dans le cas où le résultat de ces trois additions ne serait pas le même, il serait évident qu'il s'est glissé des erreurs soit dans le transport, soit dans le classement des sommes au Grand-Livre ; lesquelles erreurs proviendraient 1° ou de ce que quelques articles portés sur le Journal auraient été omis dans le transport au Grand-Livre, ce que l'on reconnaîtra facilement, le total du Journal étant alors plus fort que les deux totaux du Grand-Livre. Dans le cas où les deux totaux du Grand-Livre, quoique justes entr'eux, présenteraient des sommes plus fortes que le total du Journal, on en devrait conclure que les erreurs contenues au Grand-Livre proviennent de transposition ou changement de chiffres ; de même que si l'un des deux totaux du Grand-Livre étaient d'accord avec le Journal sans être d'accord avec l'autre total du même livre, ou si les deux totaux du Grand-Livre étaient inégaux entr'eux, l'un présentant une somme plus forte que le total du Journal, tandis que l'autre n'aurait qu'un total plus

faible que le Journal, il serait évident que l'erreur proviendrait de sommes portées à la *sortie*, qui devaient figurer à l'*entrée*, *et vice versá*.

87. Quel que soit le genre d'erreur qui amène cette différence entre les totaux précités, soit du Journal, soit du Grand-Livre, il n'y a qu'un moyen de le reconnaître, c'est de revoir un à un chaque article du Journal, comparé avec le classement du transport de ces mêmes articles au Grand-Livre. Et comme il est d'usage de marquer d'un gros point toutes les sommes dont le transport et le classement sont bien exécutés, ce travail a reçu le nom de *pointage*.

A mesure que par le moyen du pointage on retrouve une erreur dans les écritures, il faut immédiatement la corriger, non point en biffant ou grattant les sommes erronées; mais en en rétablissant l'équilibre, ce qu'on obtient par le moyen suivant.

88. 1° Si l'erreur provient de ce qu'on aura porté au Débit d'un compte une somme appartenant au Débit d'un autre compte, il faudra alors débiter le vrai compte auquel la somme appartient par le Crédit du compte où elle a été portée par erreur, et où elle sera ainsi annulée par la passation de cette même somme au crédit. Ainsi, supposé que j'aie porté au Débit de Pierre la somme de cent francs appartenant au Débit de Paul, il est clair qu'en rétablissant cette même somme au Crédit de Pierre, j'en annule la dette pour le compte de ce dernier, tandis qu'en en débitant le compte de Paul, je rétablis l'opération telle qu'elle eût dû exister, et corrige les erreurs sans avoir besoin de biffer ni gratter, ce que l'on doit le plus éviter dans les livres de commerce. L'opération serait absolument la même, mais inverse, s'il s'agissait de rétablir au Crédit d'un compte, une somme portée par erreur au Crédit d'un autre; il suffirait d'en débiter le compte où elle aurait été portée à tort, et d'en créditer celui où elle devait être portée véritablement.

89. Il peut arriver aussi que l'erreur provienne d'une somme portée au Débit d'un compte lorsqu'elle devait être portée au Crédit du même compte. On comprend que dans ce dernier cas il ne suffirait pas de créditer le compte du montant de la somme portée par erreur au Débit, attendu que cette opération n'établit qu'un Crédit fictif qui annulle seulement

la somme erronée au Débit. Pour que l'opération soit complète, il faut, outre ce Crédit fictif qui annulle le Débit erroné, établir au compte un autre crédit réel qui est celui que l'on devait établir précédemment. Ainsi si j'ai porté au Débit de Paul la somme de trente francs, je suppose que je devais la porter à son Crédit, je commencerai par le créditer fictivement de cette même somme de trente francs, par quoi j'aurais seulement annulé la dette de trente francs que je lui avais établie; il me restera à le porter créditeur des trente francs dont il n'a encore été passé aucune écriture.

90. S'il arrivait qu'on trouvât quelque erreur dans les écritures du Journal, soit parce qu'un article aurait été mal passé, ou que le classement en partie double en aurait été mal établi sur ce livre, il faudrait encore bien plus se garder de biffer ou gratter d'aucune manière; on serait obligé dans ce cas d'ajouter, à la suite des écritures, un article dans lequel on indiquerait l'erreur et d'où elle provient, et par suite duquel s'établiraient les corrections au Grand-Livre. Ainsi pour l'erreur ci-dessus indiquée des trente francs portés au Débit de Pierre, quand ils devaient figurer au Débit de Paul, si cette erreur existait dans les écritures du Journal à la date du 20 février, je suppose, j'établirais à la suite des écritures sous la date du 30 juin, que je suppose être celle de mon inventaire, l'article de cette manière :

Doit Paul fr. 30 à **Pierre**, pour les objets à lui remis et pour décharger le compte de Pierre de cette somme dont il avait été débité par erreur à la date du 20 février.

De même, si les trente francs avaient été portés au Débit de Paul quand ils auraient dû figurer à son Crédit, et que l'erreur existât sur le Journal, la correction s'en établirait sur ce livre de la manière suivante :

Du 30 juin.

Doit Paul fr. 200 dont fr. 100 à lui-même, pour contre-balancer la même somme de 100 fr. portée par erreur à son Crédit dans l'article de telle date, à tel folio.

En voilà assez sans doute, sur cette manière de rectifier les erreurs et d'opérer le contre-balancement des sommes.

91. Voyons maintenant ce qui a rapport à la préparation de l'inventaire.

Une fois que l'on s'est assuré, à l'aide de la balance de vérification, que les livres ne contiennent aucune erreur, il reste à établir l'Inventaire qui fera connaître les résultats de commerce. Mais comme c'est le compte de Profits et Pertes qui doit les reproduire, il importe, avant tout, de le compléter, soit en le débitant des Pertes, soit en le créditant des Bénéfices à mesure qu'on en reconnaît l'existence en même temps que l'on créditera ou débitera les comptes desquels ces pertes ou ces bénéfices résultent.

92. Ainsi on aura à *débiter* le compte de Profits et Pertes au moment de l'inventaire, 1° du montant des *levées* ou honoraires alloués aux associés du commerce, et aux différents employés de la maison;

2° des intérêts dus aux divers commettants avec qui nous serions en *Comptes-Courants*; en même temps pour constater leur droit sur nous, il faudra en créditer leurs comptes respectifs chacun pour la somme qui lui revient;

3° Des frais, soit de magasin, *loyer*, *éclairage*, Prime d'*assurances*, *ports de lettres*, soit dépenses particulières, de ménage et autres, — soit des pertes sur les négociations (intérêts, etc.),—soit enfin, des pertes résultant d'une différence en moins ou sur les marchandises restantes, ou sur l'argent en caisse, etc., etc.

De même les sommes à porter au Crédit des Profits et Pertes seront 1° les intérêts en notre faveur, 2° l'excédant des marchandises qui restent en magasin comparées avec la balance, 3° les bénéfices sur les négociations et échanges d'effets, etc.

Tout ce travail s'établira en partie double sur le Journal, et se reportera ensuite au Grand-Livre, absolument de la même manière que tout autre genre d'article.

93. Mais comme il pourrait arriver qu'on commît encore quelque erreur dans ces dernières écritures, on aura recours à une nouvelle ba-

lancé pour s'assurer de leur exactitude. Cette balance, nous l'appellerons *Balance des Excédants*, parce qu'elle se forme des différences du Débit au Crédit de chacun des comptes tant généraux que particuliers, différence d'après lesquelles s'établira la feuille d'inventaire final, et dont le total pour le Débit doit présenter la même somme que leur total pour le Crédit, si ce total est juste, et s'il n'a point été commis d'erreur dans le transport au Grand-Livre. En effet, si d'après le principe de la partie double en *débitant un compte d'une somme, je dois également en créditer un autre de la même somme*, il est clair que cette même somme qui sera en plus au Débit du premier compte, se trouvera en moins au Débit du second ; de là pour chacun un excédant, une différence égale, de l'un à son Débit et de l'autre à son Crédit ; et comme chaque article ne peut être que l'application du même principe, et par conséquent la reproduction des mêmes résultats, on en doit conclure qu'à moins d'erreur dans le transport, l'ensemble des excédants du Débit des comptes au Grand-Livre, doit donner le même total que l'ensemble des excédants du Crédit. Une fois la balance des excédants trouvée, il sera facile d'en former l'*Inventaire*.

94. Les excédants des Débits représentant notre droit, nous donnerons notre Actif, tandis que les excédants des Crédits servant à indiquer le droit des comptes sur nous, figureront à notre Passif, moins le compte de capital, lequel ne doit être que le résultat ou la différence de l'Actif sur le Passif réel, et qui, pour cette raison, ne figurera sur l'Inventaire de même qu'aux excédants, que pour balance. (Voir le modèle de l'Inventaire final n. 5 de la Planche générale.)

95. La dernière opération à faire sur les livres de commerce, une fois l'inventaire établi, est celle d'arrêter les comptes au Grand-Livre et de les ouvrir à nouveau. On comprend que si après un inventaire on continuait immédiatement les écritures sur le Grand-Livre, en y portant les sommes nouvelles à la suite des anciennes, sans que rien en établit la séparation, on serait obligé pour une nouvelle balance et un nouvel inventaire, de refaire l'addition des sommes précédentes, ce qui compliquerait et multiplierait inutilement le travail.

Pour éviter cet inconvénient on établit à l'inventaire le solde ou balance des comptes. Pour cela on porte à chaque compte du côté le plus faible l'excédant donné par le côté le plus fort, et que l'on extrait de la balance des excédants sans avoir besoin de les chercher de nouveau ; puis l'on termine par une addition, soit du débit, soit du crédit de chaque compte, addition qui doit figurer immédiatement après les sommes, séparée seulement par un trait à l'ordinaire.

On observera que ce n'est que par supposition que l'on a ainsi prêté aux comptes les sommes qui manquaient pour qu'ils fussent soldées. Il faudra donc reprendre cet excédant pour le reporter du côté où il doit se trouver naturellement comme devant faire partie du nouveau compte dont il doit être la première somme à la suite de laquelle viendront toutes les autres pour continuer les écritures. (Voir ci-après à la fin de l'ouvrage le résumé où nous avons récapitulé toutes les opérations du teneur de Livres.)

APPENDICE.

De quelques comptes particuliers en certains cas.

COMPTES D'HONORAIRES, COMPTES DE VOYAGE, DE MAISON DU DEHORS
OÙ A TEL LIEU, COMPTE DE NAVIRE, COMPTE D'ARMEMENT, ETC.

96. Ainsi que nous l'avons dit précédemment dans notre deuxième partie, il peut s'ouvrir dans les livres de commerce autant de comptes à part que l'on a d'objets, de personnes, ou de genres d'affaires sur lesquels on désire conserver des renseignements particuliers. De là l'origine de quelques comptes dont nous n'avons pas encore parlé, et dont il est à propos d'indiquer et de bien déterminer l'emploi. Ainsi ce que l'on donne ou ce qui revient à chaque commis ou employé de la maison pour ses honoraires ou appointements, se porte sur un compte ainsi nommé de son nom **UN TEL, SON COMPTE D'HONORAIRES**.

A ce compte, le commis est débité par Caisse de ce qu'il reçoit, et crédité par Profits et Pertes à chaque inventaire du montant total de ce que la maison lui alloue. Si ce même commis voyage ou va en foire pour notre service, on comprend qu'il est à propos de ne pas confondre les valeurs qu'on lui confie dans ce cas, avec celles qui lui seraient remises à titre d'honoraires. De là, pour ce même commis dans ce cas, un nouveau compte désigné sous le nom de **Un tel, son COMPTE DE VOYAGE** ou *de Foire*, etc. On le débite 1° au moment du départ, du montant des valeurs à lui remises, par le crédit de chacune de ses valeurs; 2° au retour, du montant des bénéfices ou des valeurs qu'il a reçues pour notre compte, et dont par conséquent il nous est responsable; et on le crédite à son retour 1° des valeurs rapportées par lui; 2° des frais et dépenses faites par lui, à moins qu'il ne lui soit alloué tant par jour, car dans ce cas il ne devrait être crédité que du montant de cette allocation, le surplus devenant à sa charge.

97. Quelquefois le commis voyageur a pour mission de s'établir momentanément ou pendant un certain temps dans une ville, soit pour y faire des achats, soit même pour expédier de là aux correspondants.

Cet établissement qui forme réellement une seconde maison de commerce, succursale de la maison principale, se représente ordinairement dans les livres sous le nom de **MAISON** à tel lieu, *Maison de Paris*, *Maison de Lyon*, plutôt que sous celui du commis lui-même, qui en est le gérant ; et cela paraît assez convenable, parce que le commis ou gérant peut être changé, sans que pour cela les affaires de la maison changent elles-mêmes. Du reste, les écritures de cette maison se tiennent pour elle absolument de la même manière que celle de la maison principale, avec les six comptes généraux et les divers comptes des particuliers avec qui elle est en relation d'affaires. Mais pour la maison principale la succursale ne doit être considérée que comme un correspondant particulier que l'on doit *Débiter* 1° de tout ce qu'on lui remet et envoie ; 2° de tout ce qu'il reçoit en notre nom et pour notre compte, etc ; tandis qu'on aura à la *créditer* de tout ce qu'elle nous remet ou envoie ; 3° de tout ce qu'elle envoie ou remet aux correspondants en notre nom et d'après notre ordre ou notre autorisation ; 4° de tous les frais et dépenses faits pour le service de ladite maison.

98. On comprend qu'il est indifférent pour les écritures que la maison succursale soit ou non fixée dans la même ville ou au même lieu ; voilà pourquoi un navire qui n'est, si je puis m'exprimer ainsi, qu'une *Maison mobile*, devra avoir son compte tenu absolument de la même manière que celui de la *Maison à tel lieu*, ouvert de cette manière : **Doit Navire** un tel (le **Jupiter**, par exemple,) **Avoir**. Ce compte sera débité ou crédité absolument de la même manière et dans les mêmes circonstances que celui de *Maison à tel lieu*. Les marchandises ou valeurs qui forment la *Cargaison* ou chargement d'un navire se représenteront à un compte de **Cargaison** du navire un tel, lequel sera tenu absolument comme un compte de marchandises générales, en conséquence débité ou crédité aux même cas.

99. Et comme on a coutume de désigner sous le nom d'*Armement* les divers objets et outils qui composent le mobilier d'un navire, parce que les armes, canons, fusils, etc., en représentent la principale valeur, c'est aussi sous le nom de compte d'Armement que devra en être

établi le compte, lequel de même que celui des *Meubles et Ustensiles* d'une maison ordinaire de commerce, sera *débité* du montant de tous les objets qui en font partie, et crédité 1° à l'inventaire, de la diminution de valeur qu'ils pourraient avoir subie par suite d'usure ou de détériorations, accidents, etc; ou en cas de vente, par le débit des valeurs reçues en échange, etc, suivant les principes donnés pour toute espèce de comptes.

QUATRIÈME PARTIE.

Des Sociétés de Commerce.

———— ❧ ————

SOMMAIRE.

————

1° Des Sociétés momentanées.

L arrive assez souvent dans l'usage du Commerce, qu'un négociant n'ayant pas assez de fonds disponibles, pour faire quelque achat important sur lequel il prévoit devoir réaliser de forts bénéfices, s'entende avec un ou plusieurs autres commerçants pour faire cette opération à frais et risques communs, d'où résulte entr'eux une *Société momentanée*, laquelle ne doit avoir de durée que celle de l'opération elle-même de l'achat et de la vente des marchandises qui en sont l'objet. Si l'accord est conclu de manière à ce que chacun doive avoir une part égale, soit au bénéfice, soit à la perte, l'opération est dite :

1° De *Compte à demi*, quand il n'y a que deux participants.

2º De *Compte à tiers*, s'il y en a trois.

3º De *Compte à quart*, s'il y en a quatre, etc.

Mais si au contraire la part des participants, soit au bénéfice, soit à la perte est inégale, l'opération est dite simplement *en participation*.

100. Ainsi que nous l'avons vu plus haut page 20, il est évident que les marchandises achetées ainsi en participation ne peuvent pas être confondues avec les marchandises générales, attendu que les résultats (bénéfices ou pertes), n'en sont point généraux, d'où résulte la nécessité de leur établir un compte à part. Voyons donc la manière de le disposer, et les principes qui peuvent nous servir de guide en cette occasion.

101. Dans une opération en participation, on a deux choses à constater, 1º l'entrée et la sortie des marchandises elles-mêmes; 2º notre droit sur nos participants pour les avances que nous pouvons faire du montant de leur part à l'achat, de même que leur droit sur nous pour les avances qu'ils peuvent nous faire du montant de leur part à ce même achat. (On voit que je suppose ici le cas le plus ordinaire du reste), où un seul chef de commerce est chargé de toute l'opération, moyennant l'allocation d'une somme de, de la part des autres participants qui se contentent de verser leur part de fonds, et de retirer plus tard leur part à la vente au prorata de leurs mises); quoiqu'il en soit, pour arriver à ce but, on est assez généralement dans l'usage d'ouvrir d'abord séparément le compte des *Marchandises en Participation*, elles-mêmes, puis, d'avoir pour chaque participant, son compte à part, qui en présente le Débit et le Crédit, comme un compte particulier ordinaire. Mais cette manière est beaucoup trop longue, et nécessite d'établir sur le Journal un grand nombre d'articles dont on peut se dispenser, à l'aide de celle que je propose et que je vais développer.

102. Portons d'abord en principe, ce que personne ne contestera, c'est-à-dire, que chaque participant *doit* sa part, soit à l'achat, soit aux frais qu'il nécessite, de même qu'il a droit à être crédité, soit de sa part de versement, soit de ce qui lui revient sur la vente; d'où il ré-

sulte que le montant de l'achat ou des frais, sera le point de départ pour établir son Débit, de même que celui de son versement et de la vente, sera le point d'où l'on partira pour établir le Crédit de chacun au prorata de sa participation. Cela posé, qu'on ait d'abord le compte de la participation elle même, pour y représenter le Débit et le Crédit des marchandises, puis qu'à ce même compte, soit au Débit, soit au Crédit, il soit établi autant de colonnes qu'il y a de participants à l'opération, dans lesquelles colonnes il suffira de faire figurer chaque partie due par chaque participant sur la somme totale de l'article. On aura ainsi l'avantage d'avoir le compte de chaque participant, sur la même page et en regard du compte général de la participation, sans être obligé d'établir, soit sur le Journal, soit sur le Grand-Livre des articles et un raisonnement spécial pour chacun.   .

103. Ainsi, d'après ce principe, on n'aura à s'occuper sur le Journal que du Débit et du Crédit de la Participation, sans faire aucunement mention sur ce Livre, du Débit et du Crédit des Participants dont le compte résultera uniquement des sommes portées à la colonne de chacun au Compte-Général de la Participation au Grand-Livre. (Voir le modèle d'un Compte en Participation, à la Planche Générale, soit au Brouillard, soit au Journal, article 5 et suivants. Voir le même Compte au modèle du Grand-Livre.)

Pour résumer ce principe, on aura à *Débiter la Participation* ,

1° Du montant de l'achat des marchandises ;

2° Des frais de transports et autres, soit pour l'achat, soit pour la vente, pertes sur la négociation des Billets ou Traites par lesquels on se sera couvert du montant de la part de chaque participant ;

3° De nos bénéfices et des valeurs remboursées à chaque participant après la vente des marchandises.

De même on *créditera la Participation :*

1° Des valeurs reçues de nos participants pour solde de leur part à l'achat, ou des Traites fournies sur eux dans ce but ;

2° Du montant de la vente desdites Marchandises en Participation ;

3° De la perte qui pourrait résulter de cette opération, et pour solde du Compte.

104. Nous ne parlons pas ici de l'ancienne manière usitée pour les Comptes en Participation, et qui consistait à établir la part de la maison en débitant et créditant Marchandises Générales, et à faire figurer le reste des marchandises en un compte spécial sous le nom de Marchandises en consignation de Tel, Tel, Tel, (le nom de chaque Participant, etc.) Cette manière étant très-embrouillée par elle-même, et présentant dans certains cas des difficultés et des complications qui exigent une multiplicité d'Ecritures, et exposent à de nombreuses erreurs, est déjà abandonnée d'un grand nombre de maisons qui en ont reconnu les inconvéniens.

105. Le règlement ou solde d'un Compte à demi, etc., ou en Participation, se fait soit en débitant la Participation ou par le Crédit des valeurs que l'on envoie à chaque participant en remboursement de sa part à l'achat et aux bénéfices, ou par le Crédit du Participant lui-même dans le cas où on ne lui remettrait ou enverrait rien encore, et auquel alors on pourrait ouvrir un Compte à part comme à un créancier ordinaire, et aussi par le Crédit de profits et pertes, ce qui nous revient soit pour nos bénéfices soit pour frais d'emmagasinage, etc. (Voir le modèle à la Planche-Générale.)

3° Des Sociétés commerciales proprement dites.

106. Les comptes *à demi, à tiers, à quart*, etc., ou *en participation*, dont nous venons de parler, ne peuvent être qu'improprement considérés comme des sociétés; aussi ne sont-ils pas soumis aux mêmes formalités légales que les véritables sociétés; un simple accord verbal entre les participants, consigné sur les livres, suffit pour les former. Quant aux Sociétés proprement dites, elles ne peuvent s'établir qu'en vertu d'un acte ou contrat authentique déterminant les clauses et conditions de la Société, ainsi que sa durée et la quotité de versement qui doit être effectué par chaque associé, de même que son droit à la

répartition des résultats (bénéfices ou pertes) au prorata de la mise de fonds de chacun, et généralement tous les droits et obligations conventionnelles des associés. Cet acte peut être fait sous seing-privé. Ce qui concerne les droits et obligations des associés, soit entr'eux, soit envers des tiers, fait partie du droit commercial, et est réglé et déterminé par la loi. (Voyez *Code civil, titre neuvième, art.* 1832 *et suiv.,* et *Code de commerce, titre troisième, art.* 18 et *suivants.*)

107. Une Société de commerce peut être représentée soit par les noms de tous les associés, et alors elle est appelée *Société en nom collectif.*

La Société en nom collectif peut aussi être représentée par le nom d'un seul associé, les autres étant indiqués par ces mots, *et Compagnie: Albert et Compagnie.*

108. Quelquefois, outre les véritables associés pour un commerce, il peut y avoir encore d'autres personnes qui y ont versé des fonds, moyennant un intérêt de tant pour cent; mais à la charge par eux de ne rien retirer avant la dissolution de la Société. Cette sorte de mise de fonds dans un commerce est désignée par la loi sous le nom de *Commandite,* d'où l'on a nommé *Commanditaire* celui qui a une commandite dans un commerce.

Le Commanditaire d'un commerce n'ayant rien à prétendre dans les bénéfices du commerce, n'est responsable, en cas de pertes, que jusqu'à concurrence du montant de sa commandite; mais nullement solidaire pour les associés au-delà de cette somme. (*Code de commerce, art.* 26); il ne peut être en aucune manière employé pour les affaires de la Société, même en vertu d'une procuration (*id. art.* 27), et son nom ne peut faire partie de la raison sociale (*id. art.* 25).

109. Il ne faut pas confondre la *commandite simple* avec la *Société en commandite* ou *commandite associée.* Dans la Société en commandite l'associé commanditaire a droit au partage des bénéfices au prorata de sa commandite alors représentée soit par un titre appelé action, ou coupons d'action, transmissible comme tout autre effet de commerce;

soit par une inscription sur les registres de la Société, et transmissible par une déclaration de transfert. (*Code de commerce, art.* 36.)

Il peut arriver aussi qu'une Société par actions ne soit désignée par le nom d'aucun des co-associés, mais seulement par celui de son objet, *Société du Gaz, du Chemin de fer*, etc., auquel on peut joindre quelqu'au- tre désignation insignifiante pour les distinguer, l'*Aigle*, le *Phénix*, le *Sirius*, l'*Hirondelle*, etc., etc. Ce genre de Société est appelé par la loi : *Société anonyme*, et ne peut s'établir qu'en vertu d'une autori- sation expresse par ordonnance royale. (*Code de commerce*, *art.* 37.)

110. Pour ce qui est des écritures d'une Société, elles ne diffèrent en rien de celles d'un commerce géré par un seul, soit pour ce qui con- cerne les comptes généraux de Marchandises, Caisse, etc., soit pour ce qui a rapport aux comptes particuliers des clients Pierre, Paul, Jacques, etc.; seulement il y a pour les écritures relatives aux associés eux-mêmes quelques modifications que l'usage et la nécessité ont in- troduites, et qu'il est à propos de faire connaître.

111. On observera d'abord, que le compte de *capital* que nous avons dit représenter le commerçant ou chef de commerce lui-même quand il n'y a pas d'associés, ne représentera dans une Société que le commerce lui-même ou l'ensemble de la Société ou raison sociale.

En conséquence, les droits ou les obligations personnelles de chaque associé devront être constatés à des comptes particuliers sous leur nom; je dis des comptes, car un seul ne suffirait pas pour chaque associé.

112. Ainsi, d'après l'acte de Société, chaque associé s'engage à verser en commerce, à titre de mise de fonds, une somme de, dont le ver- sement s'effectue rarement en totalité à l'ouverture du commerce, mais au contraire a lieu, le plus souvent, par sommes partielles, dans un espace de temps donné. Il est clair que d'après cet engagement l'associé est devenu débiteur du commerce représenté sous le nom de capital, lequel débit il est d'usage de constater à un compte nommé Compte de fonds, et établi ainsi :

DOIT *N/S un tel son compte de fonds.*   **AVOIR.**

113. Il peut arriver qu'il soit convenu entre les associés qu'une partie

de leur versement de fonds leur portera un intérêt annuel de tant pour cent. Pour distinguer cette partie de la mise de fonds qui doit porter intérêt et afin d'en faciliter les calculs, on est dans l'usage d'en établir le compte à part, sous le nom de *Compte courant obligé* que l'on ouvre ainsi :

DOIT *N/S un tel son compte courant obligé.* **AVOIR.**

114. Cependant cette division du compte de fonds ne nous paraît pas indispensable, attendu qu'il serait presque aussi facile de calculer les intérêts du compte courant obligé, lors même que le montant n'en serait pas séparé du Compte de fonds proprement dit ; l'acte de Société réglant et désignant la somme qui doit porter intérêt dans la mise de fonds, il suffirait d'en calculer les jours à partir du complet versement de la mise de fonds proprement dite, vu que la mise de fonds et celle en compte courant obligé, une fois effectuées, ne peuvent être ni augmentées ni diminuées, jusqu'à l'époque de la dissolution de société

115. Outre le versement de fonds déterminé par l'acte de Société, les associés s'accordent le plus souvent mutuellement la faculté et le droit de pouvoir mettre à l'usage de leur commerce, jusqu'à concurrence d'une somme déterminée, les fonds qu'ils pourraient avoir de disponibles pendant la durée de la Société, avec facilité de les retirer à volonté en tout ou en partie; l'intérêt de ces fonds devant leur être compté par le commerce à un taux déterminé, pour le temps qu'ils y seront restés. Ce versement, vu les conditions ci-dessus indiquées, ne peut évidemment faire partie de la mise de fonds ; il a donc fallu en former un compte à part, lequel a reçu le nom de *Compte courant libre.*

DOIT *N/S un tel son compte courant libre.* **AVOIR.**

116. Comme il est ordinairement stipulé dans l'acte de Société que les bénéfices doivent rester au commerce jusqu'à la fin de la Société, sans qu'aucun associé puisse en retirer sa part avant cette époque, les associés sont dans l'usage de s'allouer tant par mois ou par an pour leur frais particuliers.

Ces espèces d'honoraires, qui ne sont, par le fait, qu'un prélèvement sur les bénéfices présumés du commerce, ont reçu le nom de *levées*; de là un nouveau compte pour constater soit ce que chaque associé a reçu, soit ce qui peut lui être dû à ce titre. Ce compte s'établit ainsi :

DOIT. *N/S un tel s/ compte de levées.* **AVOIR.**

Les *Levées* ou honoraires des associés peuvent être inégales, mais il faut toujours que le montant en soit déterminé par l'acte de société. *(Voir l'emploi en action des divers comptes des associés dans le modèle du Journal n. 3 de la planche générale à la fin de cet ouvrage.)*

117. Pour résumer ce que nous avons à dire sur chacun des quatre comptes des associés,

LE COMPTE DE FONDS de chacun devra être *Débité* de la somme à verser par lui à ce titre, et *crédité* de toutes celles versées pour satisfaire à cette obligation.

LE COMPTE COURANT OBLIGÉ sera *débité* de la même manière de la partie de mise de fonds qui devra porter intérêt, et crédité des divers versements effectués.

LE COMPTE COURANT LIBRE sera *crédité* 1° de tous les versements faits par l'associé en plus du montant de sa mise en compte de fonds et en compte courant obligé, 2° de toutes les *levées et intérêts* échus que l'associé ne prendrait pas, 3° (lors de la dissolution de la société) du montant à retirer par lui, soit pour remboursement de ses mises de fonds et de sa part de bénéfices. Le même compte sera *débité* de toutes les sommes que l'associé retirerait à ce titre.

Enfin, LE COMPTE DE LEVÉES sera *débité* de toute les sommes prises par l'associé pour ses frais, et *crédité* aux époques d'inventaire du montant total des levées échues à cette époque, lors même qu'il les aurait déjà retirées.

Du Compte d'Inventaire ou Profits et Pertes annuels.

118. Ainsi que nous l'avons dit plus haut, le capital d'une société est déterminé et fixé par l'acte ou contrat qui en établit l'existence ; il en résulte qu'il ne peut subir aucun changement de valeur, augmentation ou diminution, jusqu'à ce que la société soit dissoute. Par conséquent, il ne doit être aux époques d'inventaire, ni débité des pertes du commerce, ni *crédité* des bénéfices, ainsi que cela se pratique quand il n'y a pas d'associé. Cependant, comme malgré cela, il est indispensable à ces mêmes époques de solder et de balancer le compte de Profits et Pertes généraux ou *journaliers*, il a fallu établir un nouveau compte qui représentât ce résultat annuel du commerce. Ce compte a reçu pour cette raison le nom de compte de PROFITS ET PERTES ANNUELS. Il serait peut être mieux nommé *Compte d'Inventaire*, soit parce que quelques maisons font un inventaire tous les six mois, soit parce qu'ainsi on éviterait la confusion qui peut résulter de l'emploi répété pour deux comptes différents de ces mots *Profits et Pertes*.

Quoiqu'il en soit, le but de ce compte étant de représenter, soit l'augmentation annuelle du Capital, par les bénéfices résultant de l'inventaire, soit sa diminution par les pertes qu'il pourrait présenter, on aura à le *créditer* 1° par le débit de Profits et Pertes, du bénéfice indiqué par l'excédant de l'Avoir de ce dernier compte, et pour le solder ; 2° après la dissolution de la société, par le crédit de Capital, de l'excédant de l'Avoir, sur le débit de ce même compte de *Profits et Pertes annuels* ou *Inventaire*, et pour le solder.

Dissolution d'une Société. — Compte de Liquidation.

119. Une société de commerce finit, soit 1° par l'expiration du temps de sa durée, soit 2° par la mort naturelle ou civile de l'un des associés, ou par l'absorption ou perte du Capital qui le constituait. Quelle que soit la cause pour laquelle une société commerciale est dissoute, il convient, une fois la dissolution arrivée, d'en opérer la *Liquidation*; on entend sous ce nom, l'opération de toutes les rentrées et l'annulation et paiement de toutes les dettes. Pour cela, il est ordinairement établi un *Liquidateur* ou personne chargée d'opérer ainsi le solde du commerce, et, comme à cette fin on lui confie toutes les valeurs actuellement en commerce, il en résulte le solde de tous ces comptes par le débit du liquidateur lui-même, à un compte appelé **COMPTE DE LIQUIDATION**, lequel n'est autre que le compte particulier du liquidateur. Le liquidateur, excepté en cas de faillite de la société ou d'héritiers mineurs, est souvent l'un des associés, lequel est dans ce cas, censé prendre la suite du commerce à des conditions convenues à l'amiable. Dans tout autre cas le liquidateur est nommé par le juge, avec les formalités ordinaires.

120. Ainsi le compte de liquidation sera *débité* 1° du montant de toutes les valeurs actives, *marchandises, papiers de portefeuille, espèces et meubles* actuellement au pouvoir de la société lors de la dissolution, dont les comptes se trouveront alors soldés par celui de liquidation; 2° au fur et à mesure des rentrées opérées par le liquidateur, du montant de ces mêmes rentrées, quelle qu'en soit la nature, *papier* ou *remises*, etc., par le *Crédit* des clients ou commettants, de qui proviennent ces valeurs. Le même compte sera crédité de tous les paiements que fera le liquidateur, par le débit des clients ou commettants, à qui ces paiements seront faits en quelle nature qu'ils soient effectués, *papiers* ou *argent*, etc. Pour les pertes qui pourraient résulter de la liquidation, de même que pour les émoluments ou honoraires alloués au liquidateur, ou en débiterait un compte de *Profits et Pertes de liquidation*, lequel devra, en conséquence, être *crédité* des bénéfices qui pourraient résulter des opérations du liquidateur, par le débit de la liquidation. *(Voir l'emploi en action de ces principes au modèle de Journal n° 3, à la planche générale).*

121. N. B. On comprend que le liquidateur ayant, dans sa liquidation des valeurs de diverse nature : marchandises, papiers, argent, peut ouvrir, pour sa propre satisfaction, un compte à chacune de ees valeurs, absolument comme dans un commerce ordinaire dont il serait le gérant, quoique ces comptes ne doivent plus exister sur les livres de la société.

FIN DE LA QUATRIEME PARTIE.

CINQUIÈME PARTIE.

Des Livres et Ecritures auxitiaires.

———◦———

SOMMAIRE.

—

uoique les trois Livres, *Brouillard*, *Journal* et *Grand-Livre* , dont j'ai développé l'emploi dans les parties précédentes de cet ouvrage, puissent rigoureusement suffire à tout commerçant, soit pour satisfaire à la loi, soit pour lui donner tous les renseignements qui l'intéressent pour la bonne gestion de son commerce, il en est beaucoup d'autres en usage chez la plupart des commerçants; mais ainsi que je l'ai indiqué dans mon *Livre du commerçant en détail*, ils ne sont et ne peuvent être que comme des *feuillets détachés* de l'un ou de l'autre des trois livres ci-dessus indiqués; ils n'ont pour objet que de diviser le travail dans les maisons qui ont beaucoup d'employés, où d'éviter de trop compliquer les écritures de détail aux livres principaux. Ils ont reçu pour cette raison le nom de livres *auxiliaires* ou livres *d'aide*. Leur nombre n'est point limité, il peut y en avoir autant qu'il y a de comptes généraux, autant même qu'il y a de subdivisions possibles pour chacun de ces comptes, au gré de chaque commerçant. Les plus usités sont : le livre de **CAISSE**, le livre d'**ACHATS** ou *Entrée des marchandises*, le livre de **VENTE** ou *Sortie des marchandises*, le livre des **TRAITES ET REMISES** ou *Enregistrement des effets* de portefeuille, le **CARNET DES ÉCHÉANCES** tant pour ce qui est *à payer* que pour ce qui est *à recevoir*, le **COPIE DE LETTRES**, le livre des **FRAIS GÉNÉRAUX** et enfin le livre des **COMPTES COURANTS D'INTÉRÊTS**. Ces différents livres n'étant pour ainsi dire que des comptes ordinaires ouverts chacun sur un registre séparé, les mêmes principes donnés précédemment pour les comptes du Grand-Livre doivent en diriger les écritures; mais comme ils présentent quelques différences pour la disposition et les détails à y établir, nous allons voir successivement ce qui a rapport à chacun.

1° Du Livre *auxiliaire* de Caisse.

122. Il y a peu de maisons de commerce un peu importantes qui n'aient un commis spécialement chargé de la direction de la Caisse, soit pour recevoir les rentrées, soit pour opérer les paiements. Ce commis, appelé caissier, a ordinairement à son usage un registre sur lequel il note toutes les valeurs en espèces et billets de banque qu'il reçoit, de même que toutes celles qu'il donne. Tel est l'origine et l'emploi du *Livre de Caisse*, lequel ne diffère du compte de Caisse du Grand-Livre, qu'en ce qu'il présente de plus que le compte du grand-Livre, tous les détails relatifs à l'entrée et à la sortie de l'argent du commerce, absolument comme un article de brouillard ou de Journal. La réglure en est tout-à-fait conforme à celle du Grand-Livre; et comme tout compte du Grand-Livre, il doit être tenu de même sur deux pages ou deux colonnes, l'une de **Doit** pour l'*Argent reçu*, l'autre de Avoir pour l'*Argent donné*. Il sert de brouillard pour toutes les opérations de Caisse, que l'on peut ainsi passer chaque jour au *Journal général* en un seul article, de cette manière :

CAISSE aux suivants, fr., etc.

       Montant des rentrées de ce jour :

A Tel   fr. . . . etc., et le détail,

A Tel   fr.   etc.   etc. ,

Les suivants   fr. . . . . . **A CAISSE**.

       Paiement de ce jour comme suit :

Tel   etc., comme nous avons vu au tableau l'explication des formules Tel à tel, etc.

Voir, pour l'intelligence complète de ce qui a rapport au Livre auxiliaire de **Caisse** *, le modèle n° 5 Livre de Caisse, à la planche générale, à la fin de cet ouvrage.*

Outre ce premier livre auxiliaire de Caisse, la plupart des commerçants en ont un autre appelé **Petite Caisse,** tenu absolument de la même manière que le grand Livre de Caisse, mais seulement pour les menues dépenses de la maison dont le détail ne doit pas figurer sur le premier, attendu qu'il serait trop minutieux et exigerait trop d'écritures. La *Petite Caisse* a donc uniquement pour but d'indiquer l'emploi détaillé de l'argent pris en plus forte somme à la *Grande Caisse*, laquelle doit lui servir de contrôle, sans aucun rapport avec les écritures du *Journal.*

Du Livre auxiliaire d'*Achats* ou entrée des Marchandises.

123. Pour constater l'*entrée des marchandises,* ou *les achats* , il pourrait suffire d'en conserver, par ordre de date, les factures qui en sont livrées par les commettants, soit en liasse, comme cela se pratique chez un grand nombre de détaillants, soit piquées ou collées sur un registre de papier gris avec des folios numérotés, ce qui permettrait de les retrouver avec plus de facilité. Quoi qu'il en soit, beaucoup de commerçants sont dans l'usage d'en faire un relevé sur un livre à part, soit par crainte que les factures elles-mêmes ne s'égarent, soit afin de cacher à leurs employés le nom des maisons qui leur fournissent des marchandises, en même temps que les prix auxquels elles leur sont livrées.

Telle est l'origine du livre auxiliaire d'Achats, lequel, ainsi qu'on le comprend, n'est qu'un relevé presque textuel de chaque facture du commettant. (*Voir au livre auxiliaire de* **Marchandises**, *modèle n° 6 de la planche générale, la manière d'établir la réglure d'un livre d'achats, et d'en disposer les écritures.*)

Du Livre auxiliaire de Ventes ou sortie des Marchandises.

124. Ce livre appelé aussi *Brouillard de vente*, n'a pour but que de présenter, séparément des autres écritures, le détail des diverses factures de marchandises livrées aux clients du commerce, pour en indiquer la sortie. De même que le livre d'Achats, il ne diffère du compte de Marchandise ouvert sur le Grand-Livre, qu'en ce que, de même qu'une facture, il présente tous les détails relatifs aux marchandises, *nature, quantité, qualité, poids* et *prix*, etc. On comprend que, ainsi que le livre d'Achats, ce livre tenu proprement, peut décharger le journal en dispensant d'y relever aucun détail, pour lesquels on peut en conséquence renvoyer à l'un ou à l'autre de ces deux livres, ce qui abrège les écritures du Journal, et lui permet de présenter plus directement les résultats du commerce. Les renseignements que doit présenter le livre de Ventes sont donc précisément ceux d'une facture. *L'inspection du modèle n° 6,* à la planche générale, *suffira pour faire comprendre complètement la manière* d'en disposer les écritures.

125. Quelques commerçants sont dans l'usage de réunir tous les renseignements relatifs aux marchandises en un seul registre, lequel prend dans ce cas le nom de *Livre d'Entrée* et *de Sortie*; mais il ne diffère en aucune autre manière des deux livres d'Achats et de Ventes ci-dessus. Aussi notre (*modèle n° 6*) présente-t-il ces deux emplois en un seul livre.

Du Livre des Traites et Remises.

126. Ainsi que nous l'avons dit dans les *Notions* préliminaires en tête de cet ouvrage, les valeurs en papiers ou *effets à recevoir* d'un commerçant proviennent ou de billets souscrits à son profit par un tiers de qui il les a reçus, et dans ce cas on peut les désigner sous le nom de REMISES, c'est-à-dire, *valeurs remises*; ou d'ordres créés par lui sur son débiteur, et dans ce cas, on les désigne sous le nom de *Traites*. Mais comme toutes, soit les unes soit les autres, elles désignent des valeurs à recevoir, c'est avec raison qu'on les a classées à un même compte sous les deux noms réunis de *Traites et Remises*. Le Livre des *Traites et Remises* n'est donc que l'enregistrement détaillé de l'entrée et de la sortie des valeurs à recevoir, et c'est par le détail seul qu'il présente de plus que le Grand-Livre, qu'il diffère de ce dernier registre. De même qu'un compte du Grand-Livre, il doit être tenu sur deux pages en regard, celle de gauche pour les Effets entrés, celle de droite pour ceux sortis. Les détails relatifs aux effets et que, par conséquent il doit présenter, sont, pour l'*entrée*, 1° le numéro d'ordre, 2° la date, 3° la nature de l'effet (*Billet*, *Mandat* ou *Traite*), 4° *l'époque de la création*, 5° *le nom du tireur* ou *souscripteur*, 6° *à l'ordre de qui*, 7° *le nom du Tiré ou Débiteur*, son domicile, etc., 8° *l'époque de l'échéance*, 9° enfin *le montant*. —Et pour la sortie, 1° *la date* de la sortie, 2° *à qui remis* ou négocié.— Nom et domicile, 3° *le montant*. Une autre différence que présente le Livre auxiliaire des Traites et Remises d'avec le compte de même nom au Grand-Livre, c'est qu'au Grand-Livre, les Effets s'y portent, soit à l'entrée soit à la sortie, comme tout autre article par ordre de date, sans laisser aucun intervalle blanc, tandis qu'au Livre des Traites et remises les entrées et les sorties y sont constatées par ordre de numéros, en sorte que tant qu'un billet de tel numéro n'est pas sorti, sa ligne reste vide à la page et aux colonnes de sortie. (*Voir pour l'intelligence complète de la pratique des principes ci-dessus l'application qui en a été faite au modèle n. 7 de la planche générale.*)

Du Carnet des Echéances.

127. Il est essentiel pour un commerçant de se bien rappeler les Echéances, soit des Effets qu'il a à recevoir, soit des Billets ou Traites qu'il a lui-même à payer; de là l'origine du Carnet des Echéances; mais les écritures n'en sont plus seulement auxiliaires mais bien indispensables.

L'usage le plus ordinaire est d'en réserver toutes les pages de gauche pour les valeurs à recevoir, ce que l'on y indique par ces deux mots inscrits en gros caractères en tête de chaque page :

A RECEVOIR.

De même que toutes les pages de droite étant réservées pour représenter les époques ou échéances de ce que l'on a à payer, cette destination est indiquée en gros caractères sur chacune par ces mots :

A PAYER.

Nous avons donné dans notre Album du Comptoir le modèle d'une nouvelle disposition de carnets d'échéance qui a été assez goûtée par un grand nombre de commerçants et de teneurs de Livres; elle a l'avantage de présenter d'un coup-d'œil et en regard sur la même page les différents mois de l'année. (*En voir le modèle n. 8, à la planche générale*).

Du Copie de Lettres.

128. Ce livre, ainsi que l'indique son nom, n'est autre qu'un registre sur lequel on copie toutes les lettres que l'on adresse à ses correspondants, soit pour leur demander des envois, soit pour débattre des prix et leur faire des offres. Indépendamment de l'*obligation* que la loi impose à tout commerçant de copier ses lettres à ses commettants, il est très-essentiel, pour ses intérêts, de le faire avec exactitude, de même que de conserver avec soin toutes celles qu'on lui adresse, car c'est souvent pour lui le seul moyen de pouvoir prouver la justice de ses réclamations , ou de pouvoir s'opposer à des prétentions injustes ou erronnées. Ce livre est donc beaucoup plus important qu'on ne le croit généralement ; il sert de complément aux écritures du Journal , ainsi que je l'ai dit dans mon Livre du commerçant en détail , et tenu avec exactitude , il peut éviter , entre les commerçants , de fâcheuses et souvent ruineuses contestations.

Les moyens faciles et prompts que l'on a découverts dans ces derniers temps de copier les lettres de commerce, ne laissent point d'excuse à ceux qui auraient la négligence de s'en dispenser.

Du Livre des Frais généraux, Frais particuliers, d'Annotations, etc.

129. Les pertes ou frais d'un commerce, que nous avons vu devoir être classées au compte de *profits et pertes* , peuvent résulter soit des dépenses générales nécessaires pour l'exploitation du commerce : *loyer,* *honoraires* d'employés ou de commis , *ports de lettres* , etc. , soit des *dépenses particulières* du chef de commerce, soit des *rabais, escomptes,* *pertes , faillites* , etc. Il est clair qu'un commerçant peut vouloir se rendre compte séparément de ces différentes natures de frais et pertes , soit pour réduire les uns , soit pour parer aux autres si cela est possible. De là l'établissement de trois catégories ou divisions des profits et pertes , catégories qui peuvent même être tenues sur des registres séparés , au gré du commerçant.

130. Ainsi , il peut s'établir un livre ou compte de *Frais généraux* pour toutes les dépenses générales ci-dessus mentionnées , un livre de *Frais particuliers* pour toutes les dépenses particulières et pour celles faites pour l'entretien de sa maison et de sa famille. Et , enfin , un livre d'*Annotations,* pour y porter toutes les *pertes* , *rabais* , *escomptes* , *faillites* , etc. dont il peut être victime. Ces différents livres ou comptes auxiliaires sont tenus comme le compte général de Profits et Pertes , sous un nom différent , mais sans plus de difficultés. Si ce ne sont que

des comptes ouverts à part sur le Grand-Livre, il se soldent à l'époque de l'inventaire les uns et les autres par celui de Profits et Pertes, l'excédant du débit se portant au crédit du compte auxiliaire par le débit de Profits et Pertes, et l'excédant de crédit se portant au débit du compte par le crédit de Profits et Pertes, suivant le principe établi dans notre troisième partie pour les comptes qui se soldent par profits et pertes, à l'ordinaire.

Du Livre des Comptes courants d'intérêts.

131. Nous avons vu dans nos notions préliminaires qu'il est d'usage entre les banquiers et les négociants, de remettre à leurs clients des traites ou lettres de change sur des banquiers d'une autre ville, et que c'est même le moyen le plus usité dans le commerce de faire passer ses fonds d'une ville à une autre. Il est évident que ces banquiers doivent se tenir mutuellement compte, soit des sommes qu'ils ont ainsi payées pour le compte de leurs correspondants, soit de celles qu'ils en ont reçues ou qui ont été payées par le correspondant pour leur propre compte ; d'où résulte la nécessité d'établir à chacun de ces correspondants un compte au Grand-Livre comme pour tout autre débiteur ou créancier ordinaire. Mais comme dans le commerce de banque, toutes les sommes ainsi avancées pour le correspondant, doivent porter intérêt pour celui qui les fournit, ce qui n'arrive pas toujours dans le commerce des marchandises, il a fallu que les comptes des correspondants de banque fussent établis de manière à permettre de calculer avec facilité l'intérêt respectif de chaque somme ; de là une nouvelle catégorie de comptes appelés *Comptes courants* d'intérêt, ou simplement *Comptes courants*. Et comme il est d'usage chez beaucoup de commerçants d'établir ces comptes sur un registre séparé dont la réglure est disposée exprès d'une manière conforme aux renseignements que ces comptes doivent représenter, ce registre a reçu le nom de *Livre des Comptes courants*.

132. Les renseignements que doivent présenter les comptes cou-

rants, sont d'abord ceux de tout compte ordinaire ouvert au Grand-Livre, c'est-à-dire 1° la date de chaque article; 2° le raisonnement explicatif de l'opération; 3° la somme. Mais comme bien souvent l'intérêt d'une somme ne commence à courir qu'à partir d'une époque convenue, laquelle est postérieure au versement, il convient aussi qu'il y ait une colonne où figure l'indication de cette époque, laquelle prend le nom d'*échéance*, et comme à l'époque du règlement du compte, il s'est écoulé pour chaque somme, à partir de son échéance, un certain nombre de jours, desquels l'intérêt doit être calculé, il convient qu'il y ait encore au compte une autre colonne spéciale pour y énumérer ce nombre de jours, ce qui donne déjà cinq colonnes : 1o *celle de la date*; 2° celle de *la somme* ; 3o celle du *raisonnement* ; 4° celle de l'époque d'*échéance* ; 5° celle du nombre de *jours*. Et comme la méthode ordinaire pour calculer l'intérêt d'une somme, est de multiplier chaque somme par le nombre de jours d'intérêt, d'où résulte un produit de nombres fictifs, sur lesquels on doit chercher l'intérêt réel, une dernière colonne est encore nécessaire pour représenter ces nombres, et on l'a nommée, pour cette raison, *colonne des nombres*, ce qui fait six colonnes en tout, pour le débit et autant pour le crédit de chaque compte courant.

L'inspection du modèle n° 10 à la planche générale, fera comprendre, mieux que tous les développements, le tracé et l'emploi des diverses colonnes d'un compte courant.

Des diverses Opérations à faire pour calculer l'Intérêt d'un Compte courant.

MARCHE PROGRESSIVE, MARCHE RÉTROGRADE, ETC.

133. TROIS circonstances différentes peuvent se présenter à l'époque du règlement d'un compte courant, lesquelles en doivent modifier les opérations.

En effet, il peut arriver 1° *qu'aucune des échéances du compte, soit au débit, soit au crédit, ne dépasse l'époque fixée pour la clôture du compte;* 2° *qu'il n'y ait que le débit ou que le crédit qui présente quelques échéances postérieures à l'époque arrêtée pour la clôture du compte;* 3° enfin *qu'il se rencontre à la fois au débit et au crédit de ces échéances postérieure à l'époque de la clôture du compte.*

134. *Dans le premier cas,* c'est-à-dire quand aucune des échéances du compte, soit au débit, soit au crédit, n'est postérieure à l'époque fixée pour la clôture, les opérations à faire pour calculer l'intérêt et régler le compte sont les suivantes :

1° *Chercher le nombre de jours d'intérêt* de chaque somme, c'est-à-dire ceux écoulés depuis chaque échéance jusqu'à l'époque fixée pour la clôture du compte, et porter le nombre trouvé dans la colonne n° 5, dite *colonne des jours. Cette opération se fait pour chaque somme, soit au débit, soit au crédit du compte;*

2° *Multiplier séparément chaque somme,* soit du débit, soit du crédit par son nombre de jours trouvés, et en *porter le produit dans la* colonne n° 6, dite *colonne des nombres* fictifs;

3° *Additionner successivement les nombres* portés dans la colonne n° 6, soit du débit, soit du crédit, et porter la différence du côté le plus faible;

4° Diviser la différence des nombres par le commun diviseur convenu suivant le taux, pour trouver l'intérêt du compte, lequel intérêt on portera dans la colonne des sommes, du côté opposé à celui où l'on a déjà porté la balance des nombres;

5° *Additionner* successivement la colonne des sommes au débit et au crédit et porter la différence du côté le plus faible par balance; *faire le total des sommes et des nombres, soit du débit, soit du crédit,* puis solder le compte comme un compte ordinaire du Grand-Livre et le rouvrir à nouveau de la manière que nous avons indiquée pour ces comptes.

NOTA. On remarquera que, pour abréger les calculs, beaucoup de

Commerçants et de Teneurs de Livres sont dans l'usage, en posant les nombres fictifs à leur colonne, d'en retrancher les deux derniers chiffres de chaque nombre, sans que cela change rien au résultat ; ces nombres n'étant que fictifs et la différence devant toujours rester la même, vu que l'opération se fait des deux côtés, suivant ce principe reconnu en arithmétique, *qu'en ajoutant ou en retranchant à deux nombres inégaux une somme égale, on n'en change point la différence.* Seulement pour maintenir le même rapport et la même proportion, il faut également retrancher les deux derniers chiffres du commun diviseur usité pour l'intérêt.

135 *Dans le second cas*, c'est-à-dire quand il se rencontre ou au débit ou au crédit du compte, des sommes dont l'échéance est postérieure à l'époque fixée pour la clôture et l'arrêté du compte, il est clair, si elles sont au débit, que l'intérêt, loin d'en être dû par le compte, lui est au contraire dû à lui-même ; tandis que si elles sont au crédit, il les doit lui-même, bien loin qu'il puisse en être créancier. De là, la nécessité pour rétablir leur véritable situation, d'en reporter l'intérêt du côté opposé à celui où elles se trouvent, tout en le déduisant de celui où elles figurent encore. Voilà pourquoi les nombres (à la deuxième opération ci-dessus indiquée) en doivent être écrits d'abord d'une manière différente à leur colonne, pour ne pas être confondus avec les véritables nombres portant intérêts. L'usage s'est donc établi de les écrire avec de l'encre rouge, d'où ils ont été nommés *nombres rouges;* mais il suffirait de les écrire d'une écriture différente, pourvu qu'ils fussent distingués et différenciés des autres.

Par conséquent, dans ce second cas, avant de faire l'addition des deux colonnes de nombres, qui constitue la troisième opération pour le compte précédent, on aura à additionner ensemble les différents nombres écrits à l'encre rouge dans la colonne des nombres, pour en porter le total à l'encre ordinaire du côté opposé, toujours dans la colonne des nombres ; puis l'on poursuivra et terminera absolument comme dans le premier cas à partir de la troisième opération inclusivement.

136 *Dans le troisième cas,* c'est-à-dire , quand il y a à la fois, au débit et au crédit , des échéances postérieures à l'époque de l'arrêté du compte , la manière d'opérer est absolument la même que dans le second, avec cette seule différence qu'il se trouvera des nombres rouges à la fois au débit et au crédit , lesquels devront figurer chacun ou en total à l'encre ordinaire du côté opposé, comme indiquant des intérêts à l'inverse de leur position. (*Voir le nouveau modèle,* n° 10 *bis , de la planche générale.*)

136 Les opérations que nous venons d'indiquer, ayant pour moyen comme pour but de calculer des intérêts pour un temps échu, forment ce que l'on a nommé *marche progressive,* comme opérant ses calculs *en avant ,* à partir de l'échéance de chaque somme , jusqu'au jour de la clôture du compte, qu'il faut nécessairement connaître pour pouvoir établir le nombre des jours d'intérêt de chaque somme ; d'où résulte une agglomération de calculs, souvent très-incommode quand on a un grand nombre de comptes courants à régler en même temps et à la même époque , sans parler de l'inconvénient de recommencer tous les calculs, au cas où cette époque viendrait à être changée. Voilà pourquoi , dans les derniers temps , il a été cherché et trouvé un moyen de remplir d'avance, dans les comptes courants , la colonne des jours et celle des nombres sans connaître l'époque de la clôture du compte ; de manière à ce qu'une fois cette époque connue et arrivée, on n'eut que peu de calculs à établir pour arriver à un complet règlement d'intérêts. Ce moyen le voici. Voyons d'abord les principes qui lui servent de base.

Théorie de la pratique dite *Marche retrograde*

Pour le règlement des comptes courants d'intérêts.

137. Dans la pratique que nous venons de développer pour le règlement des comptes courants, et que nous avons désignée sous le nom de *Marche progressive*, les calculs s'établissent ainsi que cela est le plus naturel pour les jours d'intérêts échus, ce qui est facile si l'on connaît l'époque de l'arrêté du compte, mais cette époque n'étant pas connue, comment calculer un nombre de jours qui n'est point encore déterminé ? Pour y arriver, on est parti de ce principe qu'en déduisant de chaque somme, les jours de non intérêt, c'est-à-dire, ceux écoulés ou à s'écouler avant celle où chaque somme doit commencer à porter intérêt, il doit nécessairement rester pour résultat à l'époque de la clôture du compte, les jours qui ont dû porter intérêt. Ainsi supposé que le compte ait duré 120 jours ou quatre mois, s'il y a pour une somme sur ces 120 jours, 40 jours, je suppose, de non intérêt, c'est-à-dire, qui se soient écoulés ou qui doivent s'écouler jusqu'à son échéance, il en restera par le fait 80 jours d'intérêt pour cette même somme; de telle sorte que par un moyen différent, mais praticable de suite dès l'inscription de la somme, on aura atteint le même but que par le premier, lequel nous avons vu ne pouvoir être employé qu'autant que l'on a fixé l'époque de la clôture du compte. C'est donc en calculant les jours de non intérêt de chaque somme dans un compte courant, qu'on arrive à pouvoir établir d'avance tous les calculs de jours et de nombres; pour cela, on fixe une première époque, laquelle peut être, si l'on veut, celle de l'ouverture du compte, vers laquelle on rétrogradera à partir de chaque échéance, pour trouver le nombre de jours à s'écouler sans intérêt pour cette somme; lequel nombre on inscrira dans la colonne des jours et telle sera la *première opération* de cette marche, que, pour cette raison, l'on a nommée *rétrograde*.

Pour *deuxième opération*, on multipliera successivement chaque somme par son nombre de jours, de même que dans la marche progressive, et on en portera semblablement le produit dans la colonne des nombres, seulement il n'y aura plus ici de nombres rouges pour les échéances postérieures à l'époque de l'arrêté du compte, vu que calculant les jours de non intérêt, il n'y a réellement rien, ni pour le débit, ni pour le crédit du compte.

Puis, pour *troisième opération*, (lorsque l'on veut régler le compte), comme toutes les sommes sont censées porter intérêt pendant toute sa durée, attendu que tous les jours de non intérêt en ont été déduits, il suffira de prendre la différence des sommes du débit et du crédit, et de porter cette différence du côté le plus faible, mais intérieurement dans la colonne du raisonnement, cette différence n'étant pas encore le véritable solde à nouveau, lequel doit être encore augmenté ou diminué du montant des intérêts échus pour le compte.

Voilà pourquoi cette différence des sommes devra immédiatement par une *quatrième opération*, être multipliée par le nombre de jours de la durée du compte d'où résultera un nouveau nombre fictif que l'on aura à faire figurer dans la colonne des nombres, du même côté où l'on a porté la première balance des fonds.

Puis, par une *cinquième opération*, additionnant séparément toute la olonne des nombres du Débit et du crédit, on en prend la différence que l'on porte du côté le plus faible.

C'est sur cette différence des nombres que l'on aura à chercher l'intérêt absolument comme dans la marche progressive, en la divisant par le commun diviseur convenu suivant le taux, lequel intérêt on portera dans la colonne des sommes du même côté ou l'on a déjà porté la balance des nombres.

Puis enfin, on soldera le compte en additionnant les sommes, soit du Débit, soit du Crédit, dont on portera la différence par balance du côté le plus faible, laquelle différence, après avoir terminé par une addition générale, soit des sommes, soit des nombres, on portera ensuite du côté opposé pour r'ouvrir le compte à nouveau, comme dans la marche progressive d'un Compte Courant à marche rétrograde, ainsi que nous l'avons indiqué plus haut. *(Voir le modèle n° 10 ter de la Planche générale.)*

FIN DE LA CINQUIÈME PARTIE.

RÉCAPITULATION.

GUIDE PRATIQUE DU TENEUR DE LIVRES.

Résumé de différents Genres d'Opératons que composent la Tenue des Ecritures.

138. PREMIER GENRE D'OPÉRATION *l'Inventaire d'ouverture.* Il s'établit en note détaillée sur un livre à ce destiné et appelé pour cette raison *Livre des Inventaires*, et se résume en somme totale pour chaque genre de valeurs sur une feuille aussi appelée *Feuille d'Inventaire*, et qui doit être signée du chef de Commerce, et conservée par lui pendant dix ans suivant les termes mêmes de la loi. Quand les nouvelles écritures d'un commerce ne sont que la continuation des écritures précédentes du même commerce, cet inventaire doit être extrait des Livres, et prend dans ce cas le nom de *Balance d'entrée*; laquelle remplace quelquefois le compte de *Capital*, et doit être en conséquence *débité* et *crédité* aux mêmes cas (*Voir relativement à ce qui concerne l'Inventaire, toute la troisième partie de cet ouvrage.*

139. DEUXIEME GENRE D'OPÉRATION. *Transport des sommes, et valeurs mentionnées dans l'inventaire ou Balance d'entrée*, soit au *Journal*, soit à leurs *Comptes respectifs au* Grand-Livre.

La feuille d'Inventaire sert de Brouillard des Ecritures qui y sont portées; il devient donc inutile d'en faire le relevé sur ce dernier Livre. On peut également se dispenser d'en passer écriture même au Journal partie double, et en faire immédiatement le transport aux comptes du Grand-Livre, ce qui devient facile sans qu'on ait besoin de recourir aux formules de la partie double, toutes les sommes de l'*actif* d'un inventaire devant toujours être établies au Grand-Livre au *Débit* des comptes auxquels elles ont rapport, par le *Crédit de Capital* ou Balance d'entrée ; de même que toutes celles du *Passif* devant aussi nécessairement être portées au *crédit* de leurs comptes, toujours au Grand Livre *par le Débit du Compte de Capital* ou de la Balance d'Entrée.

140. TROISIÈME GENRE D'OPÉRATION. *Formation du Journal général, d'après le Brouillard ou d'après les Livres auxiliaires.*

La tenue du Brouillard ou des Livres auxiliaires n'exigeant rigou·reusement aucune connaissance des principes de la Tenue de Livres, est proprement l'affaire des employés subalternes ou commis d'une maison de commerce ; nous ne devons donc pas la considérer comme opération du teneur de Livres. Du reste, les principes que nous avons émis dans cet ouvrage et les modèles que nous en avons donnés, sont plus que suffisants pour résoudre toute les difficultés qu'ils pourraient offrir aux personnes débutant dans cette carrière. Reste à en former les Écritures du Journal. Quant il n'y a pas de Livres auxiliaires et que le détail de toutes les opérations du commerce a été porté sur le Brouillard, il suffit d'en faire un relevé sur le Journal, en se servant des formules usitées soit pour la partie simple, soit pour la partie double, suivant que les Écritures se tiennent dans l'un ou dans l'autre système. *(Voir les développements que nous avons donnés dans cet ouvrage, relativement à la rédaction du Journal tant en Partie simple qu'en Partie double.* 2ᵉ partie page 31 et suivantes).

141. Mais s'il y a des Livres auxiliaires, lesquels servent de brouillard, et que ce soit d'après ces Livres qu'il faille établir les Écritures du Journal, voici la manière la plus simple de procéder et de porter successivement les Écritures de chacun de ces Livres. Le teneur de Livres passe d'abord tous les articles du Débit de *Caisse* de cette manière :

CAiSSE *aux suivants, f...... etc.*

     rentrées de ce jour, etc.

A TEL, et le détail, etc.

A TEL,   etc.,   etc.

    Et ainsi de suite pour les autres créditeurs par Caisse.

Puis il en passe tous les Crédits également en un seul article de la même manière :

Les suivants À CAISSE ,

      paiements de ce jour.

TEL , *et le détail explicatif du premier Débiteur par Caisse.*

TEL *et de même pour tous les autres Débiteurs par Caisse.*

    Il passe ensuite écritures des Ventes, d'après le Livre de Vente, en un seul article.

Les suivants À MARCHANDISES GÉNÉRALES ,

      ventes du jour.

TEL , pour tel objet de telle manière , etc.

    Détail des marchandises livrées , etc.

TEL ,   etc. ,   etc.

Un seul article lui suffit, de même pour les Achats de cette manière,

MARCHANDISES GÉNÉRALES *aux suivants* ,

      achats de ce jour.

À TEL ,   etc. ,   etc.

Puis prenant le livre des *Traites et Remises* ,

     Il en passe tout le Débit du jour en un seul article , comme suit :

TRAITES ET REMISES *aux suivants* ,

      entrées de ce jour ,

N° 10 , Paris , 15 octobre , f. 10,000 , etc.

De même pour le *crédit* des Traites et Remises.

Les suivants , À TRAITES ET REMISES , sorties ce jour comme suit :

TEL m/ remise n° 4 , Paris 20 mars, 3,000 fr.

CAISSE , m/ négociation , à Audra Fauvel , etc.

PROFITS ET PERTES , retenu sur la susdite , etc.

    Enfin , il peut prendre , au Livre d'Annotation , ce qui a rapport aux *Profits ou aux pertes* , rabais , escomptes , intérêts , etc. , de la manière suivante :

PROFITS ET PERTES aux suivants, etc., pour ce qui concerne les pertes.

Les suivants, A PROFITS ET PERTES, pour ce qui a rapport aux bénéfices. (*Voir notre modèle de Journal, n° 3 de la Planche Générale à la fin de cet ouvrage, comparativement aux écritures des mêmes articles aux Livres auxiliaires.*)

Ce qui a rapport aux PROFITS ET PERTES peut ne se passer sur le Journal que toutes les semaines ou tous les mois aux époques des balances partielles de vérification qu'il est à propos de faire pour diminuer le travail de la balance générale qui précède l'inventaire final comme il a été dit dans la troisième partie de cet ouvrage.

OBSERVATIONS.

La Loi, ainsi que nous l'avons vu dans notre première partie de cet ouvrage, exige que le Journal soit tenu, *jour par jour*, comme l'indique le nom de ce Livre; comment donc satisfaire à cette prescription, d'autant plus essentielle qu'elle est la plus sûre garantie de l'exactitude et de la bonne foi d'un chef de commerce, quand il est notoire que, dans le plus grand nombre des maisons de commerce, le teneur de Livre vient faire son Journal tout au plus une fois par semaine, et quelquefois même beaucoup moins souvent. Cette difficulté je la laisse à résoudre aux partisans fanatiques de la méthode routinière des formules, lesquelles exigent que la Partie double soit nécessairement établie avec et en même temps que le raisonnement du Journal, dont elles font partie nécessaire dans ce système. Quant à moi, je l'ai entièrement résolue dans mon *Album du Comptoir*, en isolant ce que j'appelle le *classement en partie double des articles*, du raisonnement qui forme le Journal légal, lequel dans mon système, étant une copie exacte du Brouillard, n'exige plus aucune connaissance des principes de Tenue de Livres, et peut en conséquence être fait chaque jour sur le Journal, soit par le commerçant lui-même le soir quand sa vente est terminée, soit par n'importe lequel de ses commis qui sache écrire correctement;

tandis que la *partie double*, qui est proprement l'ouvrage du teneur de Livre, peut se faire après coup et à volonté sur le même Livre, tous les huit jours, ou même moins souvent; soit par le commerçant lui-même ou par le teneur de Livres à son loisir. *(Voir dans mon Album du Comptoir le développement de ce système, qui, sans rien changer d'essentiel aux principes ordinaires et même aux procédés connus, a l'avantage de présenter, dans son ensemble, infiniment plus de clarté et de simplicité, tout en offrant, contre les erreurs, la garantie d'un contrôle infaillible, et rendant extrêmement facile le travail de la balance de vérification générale.* Prix de l'Album du Comptoir : 5 francs, chez l'Auteur.)

QUATRIÈME GENRE D'OPÉRATION. *Transport des différents articles du journal aux comptes du Grand-Livre.* Il n'est point essentiel que ce transport se fasse tous les jours; l'usage même le plus commun dans le commerce n'est guères de s'en occuper que toutes les semaines, ou même tous les mois. Quoi qu'il en soit, quand le teneur de livres veut porter au Grand-Livre les écritures du journal, il cherche ou ouvre successivement les différents comptes à mesure qu'il en rencontre les noms sur le journal, et dans l'ordre où ils se présentent, portant toujours au crédit les sommes où les noms des comptes sont précédés de la particule A *(abrégé de avoir)* et au débit ceux où ne se rencontre pas cette particule; puis à mesure qu'il a porté une somme, il l'indiquera sur le journal en inscrivant en marge de la formule, le folio de la page où est ouvert ce compte au Grand-Livre; et si ce folio y a déjà été inscrit, il en indique la vérification en y ajoutant un gros point, ainsi que nous l'avons dit en parlant de l'inventaire. *(Voir pour ce qui concerne le transport des articles du journal au Grand-Livre, ainsi que pour la manière de* contrepasser *les sommes qui pourraient être portées par erreur, soit au débit au lieu du crédit, etc., soit à un compte pour un autre, le développement qui en a été donné dans le courant de cet ouvrage, 2ᵉ et 3ᵉ Partie.*

CINQUIÈME GENRE D'OPÉRATION. *Balance partielle de chaque mois :* addition totale des Écritures du Journal pendant le mois, com-

parée soit avec le Débit , soit avec le Crédit de l'ensemble des sommes
portées au Grand-Livre depuis la même époque , et rectification des
erreurs , comme lors de la Balance générale. (*Voir troisième partie,*
page 49 *et suiv.*)

SIXIÈME GENRE D'OPÉRATION. *Préparation de l'Inventaire :*

1° PAR LA BALANCE GÉNÉRALE DE VÉRIFICATION. (*Voir pour la manière*
de la trouver, et pour la rectification des erreurs, toute la troisième partie
de cet ouvrage.)

2° En extrayant de chaque compte le bénéfice ou la perte qui en
résulte, afin d'en *compléter soit le Débit , soit le Crédit du Compte des*
Profits et Pertes, par autant d'articles passés d'abord en partie double
sur le Journal , et de là reportés au Grand-Livre, à l'ordinaire. (*Voir,*
troisième partie de cet ouvrage , page 49 *et suiv.*)

SEPTIÈME GENRE D'OPÉRATION. *Nouvelle vérification des Ecri-*
tures, et spécialement des derniers transports au Grand-Livre, depuis
la Balance générale de vérification , *à l'aide de la Balance des Excé-*
dants ou différences de l'ensemble des Comptes. (*Voyez troisième partie,*
page 52, n° 93.)

HUITIÈME GENRE D'OPÉRATION. *Etablissement de la feuille d'In-*
ventaire final , d'après la Balance des excédants ; les différences ou
excédants du Débit représentant toutes les sommes qui doivent figurer
à notre Actif , et celle du Crédit (moins , cependant , le montant du
capital) , donnant toutes les sommes dont se doit composer notre
Passif. (*Voyez troisième partie, page* 53, aussi bien que le *modèle*
d'une Balance des Excédants *comparée avec une feuille d'inventaire*
final , modèles n°s 5 et 5 *bis* de la Planche générale.)

NEUVIÈME GENRE D'OPÉRATION. *Solde final des Comptes ,* toujours d'après la Balance des Excédants par Balance de sortie, en reportant au Débit des Comptes leurs excédants du Crédit , et au Crédit
leurs excédants du Débit par le Crédit ou le Débit fictif de la Balance
de sortie. J'ai dit le Débit ou le Crédit *fictif,* car quoique quelques
teneurs de Livres soient dans l'usage de passer écritures de ces diffé-

rences ou excédants sur le Journal en en débitant ou en créditant Balance de sortie, à laquelle, en conséquence, ils ouvrent un véritable compte sur le Grand-Livre, quoique même cette manière fût peut-être la plus régulière, attendu qu'elle offrirait le solde le plus complet des écritures sur le Journal aussi bien que sur le Grand Livre, elle est loin d'être assez répandue pour constituer un usage ; et de fait elle n'est pas nécessaire, ce solde pouvant s'établir très-facilement sur le Grand-Livre à l'aide de la Balance des Excédants qui remplace dans ce cas le Journal et dispense d'en passer écriture sur ce dernier Livre.

DIXIÈME GENRE D'OPÉRATION. *Addition totale* de chaque Débit et Crédit des Comptes du Grand-Livre.

ONZIÈME ET DERNIER GENRE D'OPÉRATION. *Réouverture des Comptes à nouveau par Balance d'entrée,* en reportant du côté opposé (lequel est celui où ils existent naturellement), les excédants portés précédemment dans la neuvième opération du côté le plus faible par Balance de sortie. (*Voir troisième partie, page 55, n° 95.*)

Continuation des Ecritures après l'Inventaire. (*Voir ci-dessus, page 87, ce que nous avons dit relativement au premier genre d'opération ou Inventaire d'ouverture des Livres.*)

FIN DU GUIDE PRATIQUE.

QUESTIONNAIRE

POUR LE MAITRE,

ou

TABLE ANALYTIQUE

De toutes les Questions traitées dans cet Ouvrage.

———————⇒◦◦◦⇐———————

NOTIONS PRÉLIMINAIRES.

NOTIONS
SUPPLÉMENTAIRES.

SOMMAIRE.

I. Tenue des Livres d'une Fabrique.

Quoique la Tenue des Écritures d'une fabrique ne s'écarte en rien des principes ordinaires, ces principes reçoivent cependant dans ce genre de commerce une application spéciale; en conséquence, quelques explications particulières me paraissent nécessaires pour en faciliter la direction. Deux manières, du reste, pouvant être employées, lesquelles présentent entre elles quelques différences de détail, quoique conduisant toutes deux au même but, nous allons développer succinctement les principes et la théorie de l'une et de l'autre.

Première manière pour la Tenue des Ecritures d'une Fabrique.

PRINCIPES.

1° Passer comme *entrée de Marchandises*, et sous ce nom, non-seulement les prix d'Achat de la matière première, mais encore toutes les dépenses faites pour les diverses manipulations que cette matière première peut subir, lesquelles, dans ce cas, sont considérées comme une augmentation à la fois de la valeur et du *prix de revient* de la Marchandise.

2° Considérer comme *sortie des Marchandises*, l'émission momentanée de ces marchandises, en dehors du magasin, chez les ouvriers qui les travaillent, de même que comme *entrée* la *rentrée* des marchandises de chez ces mêmes ouvriers, en en créditant un Compte général d'*Ouvriers*, attendu que chaque ouvrier ayant un livre particulier qui indique ce qu'il peut avoir donné ou reçu, il devient tout-à-fait inutile de lui établir à part, sous son nom particulier, un compte qui dans le fait ne serait qu'un double emploi.

Deuxième Manière pour la Tenue des Ecritures d'une Fabrique.

Cette deuxième manière ayant pour but de remédier au peu de détails donnés par la première, le Compte général des Marchandises se divisera en deux ou plusieurs comptes différents :

1° Compte de Marchandises générales, dit *Matière première*, pour l'achat brut de la matière destinée à la fabrication.

2° Compte général de *Fabrication*, pour classer toute augmentation de valeur survenue à la marchandise (matière première), par suite de n'importe quelle manipulation qu'elle ait subie, *Teinture*, *Foulage*, *Pliage*, *Ourdissage*, *Tissage*, etc.

Le compte de Fabrication peut, dans le cas où l'on désirerait des renseignements plus détaillés, être avantageusement remplacé par autant de comptes séparés, qu'il y a de manipulations différentes qui peuvent être subies par la marchandise; ainsi un *compte de Teinture*, un *compte de Dévidage*, un compte de *Pliage*, un *compte d'Ourdissage*, un *compte de Tissage*, etc.

Chacun de ces comptes devra être *débité* du montant des frais faits pour ce genre de manipulation, ou argent compté ou dû aux ouvriers qui rendent les marchandises. Il ne sera *crédité* qu'à l'Inventaire, par le débit du compte général de Fabrication s'il en existe un, ou du compte des Marchandises générales. Pour toutes les sorties de marchandises (soit matière première remise aux ouvriers, soit ventes des marchandises fabriquées), on devra en créditer le compte de Marchandises générales, de même qu'on en débitera le même compte à leur rentrée, mais seulement de prix brut pour lequel elles sont sorties, qu'il sera toujours facile de retrouver à l'aide des numéros que l'on aura eu soin d'établir sur cette marchandise.

Les *dépenses* nécessaires pour l'exploitation de la fabrique, telles que achat de combustibles, etc., se portent à un compte de *Dépenses générales de fabrique*, lequel se solde par celui des *marchandises générales*, comme résultant de frais directs faits pour les marchandises, et étant réellement une augmentation de leur *prix de revient*, ainsi que tous frais directs de transport, pesage, jaugeage, et tout paiement de droits quelconques, lesquels nous avons vu devoir toujours être classés au compte des marchandises et non à celui de profits et pertes, quoiqu'en résultat cela revienne au même, et ne puisse en rien modifier l'inventaire final. *(Voir ci-après, page 98).*

II. *Des Frais relatifs aux marchandises, et comment il faut en passer Écriture.*

Le but pour lequel un Commerçant ouvre un compte séparé aux marchandises de son commerce, c'est de pouvoir en établir exactement le prix d'achat, de même que celui de vente, afin que par la différence de l'un sur l'autre de ces deux prix, il puisse reconnaître le bénéfice ou la perte qu'elles lui ont procuré ; mais bien souvent cette connaissance serait bien imparfaite et même erronée, s'il se contentait de considérer comme prix d'achat seulement la somme versée entre les mains du vendeur, ou celle portée sur la facture de ce même vendeur. Car il s'en faut souvent de beaucoup que ce premier déboursé soit le véritable prix *de revient* des marchandises ; souvent même il n'en est que la minime partie. Ainsi pour une marchandise achetée à prendre sur place, il y a les *frais* de transport, lesquels dépassent souvent le prix même de la marchandise, par exemple, pour *les charbons, les vins* (surtout avec les droits d'entrée), *les pierres de taille, le sable,* etc., etc. Il en est de même pour les Marchandises qui viennent d'outre-mer et qui sont en conséquence soumises aux *droits de douane* (1).

(1) Pour maintenir l'équilibre de prix entre les produits nationaux et ceux qui nous viennent de l'Étranger, il a été établi par le Gouvernement un *droit* à payer pour l'introduction de divers de ces produits, sans quoi la préférence pourrait dans quelques cas être accordée à ces derniers, soit en vertu de leur prix souvent bien moins élevé, soit (pour quelques objets) en raison de l'excellence de leur qualité, ce qui amènerait infailliblement la ruine d'une partie de notre industrie. En conséquence, une administration spéciale, sous le nom de *douane*, a mission de surveiller l'acquittement de ce droit, et tient à cette fin de nombreux employés, appelés *douaniers*, échelonnés sur toute la ligne des frontières, afin qu'il ne soit débarqué ou importé aucun produit sans un *permis* de l'administration des douanes ; lequel doit indiquer ou que la Marchandise importée n'est pas sujette aux droits, ou que ces droits ont été acquittés.

D'un autre côté, il existe certains produits qui forment l'industrie principale de

Il est donc clair que dans tous ces cas, le véritable prix *de revient* des Marchandises doit s'augmenter de toutes ces dépenses et frais, autrement il serait véritablement impossible de pouvoir se rendre compte d'une manière certaine des bénéfices ou des pertes résultant de nos opérations sur les Marchandises. On comprend qu'en conséquence, il convient beaucoup mieux d'en débiter le compte de Marchandises générales. Mais comme de ces frais, il y en a qui doivent augmenter le compte des Marchandises et d'autres, celui de Profits et pertes, il est nécessaire d'avoir un principe fixe qui puisse servir de règle invariable dans tous les cas. Ce principe, le voici :

1° *Débiter les Marchandises de toutes les dépenses faites* pour l'acquisition de ces mêmes Marchandises, *prix d'achat, frais de transport, droits d'entrée, de commission, pesage,* etc., jusqu'à ce qu'elles soient rendues en magasin ;

2° Passer par Profits et pertes au contraire : 1° tous les accidents, avaries et détériorations quelconques souffertes à notre détriment par les Marchandises, soit avant, soit depuis leur entrée en magasin. J'ai dit *souffertes à notre détriment*, car il pourrait arriver que par une stipulation convenue avec le vendeur, celui-ci ne fut responsable de ces détériorations jusqu'à ce que l'objet fut rendu en magasin, lors même que les frais de transport seraient à notre charge.

nos colonies, et dont l'importation seule les fait vivre. Mais comme à raison des frais de transports ces produits ne pourraient soutenir la concurrence de prix avec des produits de même nature de leur mère-patrie, il est alors accordé par l'administration des douanes un dédommagement appelé *prime d'importation.*

Cette prime, qui est ordinairement du montant de la différence de prix qui existe entre les produits des colonies et ceux de l'intérieur, peut être considérée, soit comme une diminution sur le prix d'achat, ou comme une avance sur le prix de vente, et doit en conséquence figurer à l'avoir des Marchandises générales, attendu que ce compte en doit être déchargé.

III. *Des Escomptes , Agios , Intérêts , etc., soit sur les Billets, soit sur les marchandises.*

Pour engager les clients à effectuer le plus promptement possible le paiement des marchandises qui leur sont vendues, l'usage s'est généralement établi dans le commerce de leur accorder, dans le cas où ils les paieraient immédiatement, ou dans un temps donné, un *boni* ou diminution sur le prix convenu, lequel s'évalue ordinairement à tant pour cent.

Ce boni étant, en conséquence, à déduire du montant total du prix de vente, a été pour cette raison appelé *escompte*, c'est-à-dire *hors de compte*... On comprend facilement que si l'escompte a lieu avant qu'il ait été passé écriture de la vente sur aucun livre, il n'est plus qu'une diminution du prix de vente, ou, si je peux m'exprimer ainsi, une *moins-vente*. Il devient donc inutile de le considérer comme une perte ou comme un bénéfice, et d'en faire, par conséquent, mention au compte général de Profits et Pertes, ou à un compte d'Escomptes, à moins que l'on ne tienne à connaître le chiffre exact de tous les escomptes que l'on aurait pu faire, ce dont je ne vois pas l'utilité, vu la quantité d'écritures que cela nécessiterait. Mais, au contraire, quand cet escompte ou rabais a lieu après que déjà il a été passé écriture de la vente, soit sur le Journal, soit sur le Livre de Vente, soit même au compte particulier du client, comme il est nécessaire d'arriver au solde ou balance de ces écritures sans rien biffer, il en résulte que dans ce cas, l'escompte ou rabais doit nécessairement s'établir par Profits et Pertes généraux, ou bien d'abord par un compte d'Escompte, lequel se soldera toujours à la fin par le compte de Profits et Pertes, comme nous l'avons indiqué pour les Comptes spéciaux en usage dans une fabrique. (Voir ci-dessus, page 97.)

Il en est de même pour les *agios* ou intérêts à escompter sur les valeurs en papier dans les négociations (voir *Notions préliminaires,* page 4 et suivantes) , ils doivent toujours se passer par Profits et Pertes, sans quoi on ne pourrait obtenir la balance du Compte des Traites et Remises. Seulement, chez les Banquiers et autres Négociants qui, pratiquant journellement l'échange des effets, auraient un trop grand nombre d'articles à porter au compte de Profits et Pertes, s'ils voulaient porter leurs escomptes ou agios un à un, l'usage s'est généralement introduit d'avoir au Compte ou au Livre des Traites et Remises, soit à l'entrée, soit à la sortie, une colonne spéciale; celle à l'entrée, pour les escomptes qui sont faits au profit de la maison elle-même ; celle à la sortie , pour les escomptes que la maison fait au profit du client. Lorsque cette colonne est remplie, ou à des époques déterminées, tous les mois, par exemple, on fait l'addition totale des escomptes ou agios au débit, lesquels représentent nos bénéfices, et l'on en passe écriture sur le Journal, en un seul article, comme dans l'exemple suivant :

EXEMPLE.

Doivent **TRAITES ET REMISES** (ou Effets à Recevoir) **A PROFITS ET PERTES** ,

Bénéfices ou escomptes sur les billets pris en négociation par la maison, de telle époque à telle époque, etc., puis on porte la somme totale de l'addition des escomptes depuis cette époque.

De même pour les Pertes résultant de l'addition de la même colonne à l'Avoir des Traites et Remises :

Doivent **PROFITS ET PERTES** à **TRAITES ET REMISES**,

Montant des agios accordés par la maison sur diverses négociations, de telle époque à telle époque.

On pourrait en agir de même pour toute espèce d'escomptes sur les marchandises. Pour cela, il suffirait d'établir au Compte de Marchandises générales deux colonnes semblables, une au Débit pour les escomptes en notre faveur, et une au Crédit pour ceux accordés au client par la maison. On éviterait ainsi cette multiplicité d'articles dont se trouve surchargé le Compte de Profits et Pertes, au moins dans le système ordinaire des formules ; car les moyens développés dans mon *Album du Comptoir* (voir cet Ouvrage), sont bien autrement abrégés et faciles.

———

IV. *De l'indication des Folios de rencontre, usitée en passant Ecriture d'un livre sur un autre.*

Ainsi que nous l'avons vu dans le courant de ce Traité, le plus ordinairement les écritures portées soit sur le Journal, soit sur le Grand-Livre du commerce, sont extraites d'autres livres où l'opération se trouve inscrite d'une manière plus détaillée. Il peut donc arriver très-souvent, que soit pour vérifier, soit pour obtenir des renseignements plus complets relativement à une opération, on ait besoin de recourir à ces différents Livres. Pour faciliter cette recherche, et afin d'éviter la perte d'un temps toujours très-précieux pour les personnes qui sont dans les affaires, il convient, ainsi que cela se pratique assez généralement, toutes les fois que l'on porte sur un livre une opération extraite d'un autre livre, il convient, dis-je, d'indiquer sur le dernier la page du premier livre d'où l'on a extrait l'article, ce qui se fait en plaçant en marge de cet article le nom ou seulement la lettre initiale du nom du Compte ou Livre d'où il est tiré, avec indication de la page ou du folio de cette manière : *Caisse* f°, etc. ou simplement C_l f°, etc., si l'article est extrait du livre de Caisse.

De même si c'est du livre de Marchandises, M_l f°, etc.

Ou si c'est du Journal, J^l_l f°, etc.

Le folio du Journal s'indique à chaque compte au Grand-Livre, dans une colonne spéciale, la première qui suit celle du raisonnement. (Voir page 43, les préceptes relatifs à la disposition du Grand-Livre, et le modèle de ce même registre, page 44).

V. *De la Formule de raisonnement au Grnad-Livre*, A TEL ou PAR TEL.

Relativement au Grand-Livre, je dois faire remarquer que quoique pour les comptes généraux, on n'ait pas l'habitude d'y faire figurer aucun détail, il est pourtant assez ordinaire d'indiquer le compte qui a fourni ou reçu l'objet, ou valeur donnée ou reçue en échange, ce que l'on fait à l'aide de ces mots *à tel* si c'est au débit, ou *par tel* si c'est à l'Avoir. Ainsi, supposez que je porte au Grand-Livre une entrée de Marchandises, j'indiquerai au compte de Marchandises, si c'est en espèces que je les ai payées, à l'aide de ces mots *à Caisse* placés dans la colonne du raisonnement, immédiatement après la date. Si c'était avec des billets, au lieu de *à Caisse*, j'inscrirai les mots *à Portefeuille*; de même que si je ne les avais pas payés, je mettrais A TEL, *à Pierre*, *à Paul* ou *à Jacques*, etc., le nom du créditeur. De même en débitant un client à son compte, j'ajouterai ces mots *à Caisse*, si c'est de l'argent que je lui ai remis; ou *à Marchandises*, si ce sont des marchandises; ou *à Portefeuille*, si ce sont des Billets; ou *à tel*, si ce sont des valeurs prises ou reçues d'un correspondant, à l'Avoir duquel on doit les passer, etc.

De même en portant une sortie, soit de Marchandises, soit de Billets, soit d'Espèces, soit un Avoir de correspondant, on indiquera si c'est par une entrée de Billets, à l'aide de ces mots *par Portefeuille*; si c'est par une entrée d'Espèces, à l'aide de ces mots *par Caisse*; si c'est par une entrée ou débit de quelque client, avec ces mots: PAR TEL, *par Pierre*, *par Paul*, etc. Cette indication a pour but de faciliter la recherche des rapports de Partie double, lors de la balance de vérification; voilà pourquoi il est aussi usité d'indiquer au même compte et sur la même ligne le folio de ce compte correspondant, afin d'éviter qu'on ait à le rechercher au répertoire (1) ou au Journal pour

(Voir ci-après page 122, l'emploi du Répertoire commercial).

la vérification. Ce folio se place dans la deuxième petite colonne, immédiatement après celui de la page du Journal. (Voir le modèle, page 44).

Quand il y a plusieurs comptes correspondants à la fois, au lieu de mettre séparément le nom de chacun, on l'indique d'une manière générale, à l'aide de ses mots *à divers*, si c'est au débit, ou *par divers*, si c'est à l'avoir. Alors on n'a point à indiquer de folio de rencontre, si ce n'est celui du Journal, attendu qu'il devient plus court de recourir pour les autres, au Journal où se trouvent les détails de l'article.

VI. *Du Répertoire en usage pour les Livres de Commerce.*

Comme dans un commerce on peut avoir à ouvrir un très-grand nombre de comptes, surtout si les clients sont nombreux et les relations très-étendues, il convient qu'on puisse trouver immédiatement chacun de ces comptes, lorsque l'on a besoin de le consulter. Voilà pourquoi on est dans l'usage d'avoir un petit registre dont les feuillets découpés laissent apercevoir toutes les lettres de l'Alphabet. C'est ce livre que l'on nomme *Répertoire*. A mesure que l'on ouvre un compte au Grand-Livre, on l'inscrit par son nom au Répertoire, à la lettre reproduisant l'initiale de ce nom. On y joint l'adresse détaillée du client, et tous les renseignements qu'on juge nécessaires. Plus tard, quand on doit porter quelque article nouveau à ce compte, on a recours au Répertoire pour savoir à quelle page ce compte est ouvert au Grand-Livre, ce qui permet de le retrouver à l'instant, sans être obligé de feuilleter un grand nombre de pages.

Nota. J'ai donné dans mon *Livre du Commerçant en détail* le modèle et l'exemple d'un répertoire créé par moi; il est extrêmement avantageux, pouvant servir de Grand-Livre pour les menus débiteurs, principalement dans les maisons de détail, et si économique qu'il peut présenter jusqu'à *deux mille comptes ouverts dans une seule main de papier* (en prendre connaissance dans mon ouvrage, LE LIVRE DU COMMERÇANT EN DÉTAIL ; prix : 2 fr.).

VII. Des Connaissances et qualités nécessaires à un Teneur de Livres.

Il ne suffit pas pour être Teneur de Livres, de connaître et pratiquer parfaitement les diverses opérations qui constituent l'art de tenir les écritures; d'autres connaissances lui sont encore indispensables. Il faut d'abord qu'un Teneur de Livres possède parfaitement sa Langue et soit suffisamment versé dans les études littéraires, pour ne pas offrir dans sa correspondance des défauts choquants de style et de diction, beaucoup trop fréquents, quoique la correspondance commerciale semble n'exiger que de la clarté et de la précision; il faut encore qu'il ait une belle écriture, qualité sur laquelle on devient de jour en jour plus exigeant, depuis surtout la découverte des moyens nouveaux et expéditifs à l'aide desquels on peut réformer si rapidement ce qu'une écriture présenterait de défectueux (1). Il faut encore que celui qui se destine à la carrière des Ecritures pratique avec une grande habileté tous les calculs de l'arithmétique, et soit initié aux moyens nouveaux inventés pour les abréger, et en usage depuis quelques années dans le Commerce (2).

Ces connaissances que nous venons d'indiquer ne sont que les plus essentielles, et ne suffisent qu'à celui qui ne veut que tenir les écritures d'une maison pour le Commerce des Marchandises; car pour la banque,

---

(1) Il est ouvert dans l'établissement commercial de l'Auteur des *Cours spéciaux* pour l'étude d'une belle écriture expédiée de commerce, pour celle de la *Correspondance commerciale* (2), et aussi du *Calcul commercial*, comprenant l'étude des *moyens abrégés* nouvellement découverts.

il lui faut la connaissance du *Change* (1) et des *Arbitrages* (2); et celui qui aspire à occuper les premiers rangs dans la hiérarchie des comptables, doit joindre à ces dernières connaissances celle du *Droit commercial*, attendu qu'il peut être appelé aux fonctions d'arbitre dans des affaires contentieuses, *liquidations*, *faillites*, etc., etc.

Sous le rapport des qualités morales, sans parler d'une *probité* à toute épreuve, nécessaire principalement à celui qui est investi de la confiance d'une maison, outre l'*assiduité* exacte, indispensable à celui qui veut réussir, il a surtout besoin de LA PLUS GRANDE DISCRÉTION. Qu'il songe bien que sous ce point la plus petite négligence peut non seulement perdre souvent la maison où il est, mais le perdre lui-même à tout jamais, vis-à-vis des autres maisons qui pourraient l'employer. Eût-il même à se plaindre de cette maison, fût-il même victime de sa part d'une criante injustice, rien ne saurait lui servir d'excuse, et le plus souvent la ruine entière de toute confiance pour lui en serait la malheureuse suite et la triste punition.

Ainsi donc et pour me résumer, *capacité*, sous le rapport intellectuel, et sous le rapport moral, *probité*, *assiduité*, *discrétion*, telles sont les qualités à l'aide desquelles toute personne conquerra infailliblement dans la carrière de la comptabilité à la fois *Honneur et Fortune*.

---

(1) Sous le nom de Change, on comprend les différents *taux* auxquels se font les *négociations* ou échanges tant des billets que des monnaies entre les différentes *places* soit de l'intérieur, soit de l'étranger.

(2) Les *Arbitrages* sont les calculs à établir pour connaître par quelles *places* il est plus avantageux à un banquier de faire passer ses lettres de change quand il veut *faire voyager ses fonds*.

FIN.

PREMIÈRE PARTIE.

Des Livres nécessaires à tous Commerçants.

DEUXIÈME PARTIE.

Disposition, style et rédaction des Livres principaux du Commerce.

1° *Du Brouillard.*

2° *Du Journal.*

100   QUESTIONNAIRE.

TROISIÈME PARTIE.

Manière de commencer et de finir les Ecritures aux livres de commerce.

1° *Inventaire d'Ouverture, ou Bilan d'Entrée.*

Inventaire de fin d'année ou Bilan de Sortie.

APPENDICE.

De quelques Comptes particuliers en certains cas.

QUATRIÈME PARTIE.

DES SOCIÉTÉS DE COMMERCE.

1° Des Sociétés momentanées.

Des Sociétés Commerciales proprement dites.

CINQUIÈME PARTIE.

Des Livres Auxiliaires.

RÉCAPITULATION.

GUIDE PRATIQUE DU TENEUR DE LIVRES.

Résumé des différents Genres d'Opérations qui composent la Tenue des Écritures commerciales.

(SUITE DU QUESTIONNAIRE.)

FIN DU QUESTIONNAIRE ET DE L'OUVRAGE.

ERRATA.

Page 23, ligne 22, *au lieu* de formules usités, *lisez* formules usitées.

» 61, » 19, *au lieu* de modèle d'un compte, *lisez* modèle d'une opération.